Símbolos de soldar

ES29201-09

Este mapa del curso muestra todos los módulos de *Soldadura, nivel dos*. El orden de entrenamiento sugerido comienza desde la parte inferior y avanza hacia la parte superior. Los niveles de habilidad se incrementan a medida que avanza en el mapa del curso. El Patrocinador local del Programa de Entrenamiento puede modificar el orden del entrenamiento.

Objetivos

Cuando haya completado este módulo, podrá hacer lo siguiente:

1. Identificar y explicar las diversas partes de un símbolo de soldar.
2. Identificar y explicar los símbolos de soldadura de filete y de canal.
3. Leer los símbolos de soldar en planos, especificaciones y especificaciones del procedimiento de soldadura.
4. Interpretar los símbolos de soldar de un plano.

Términos clave del oficio

Avellanar
Línea de flecha
Línea de referencia
Símbolo de soldadura
Símbolo de soldar

Prerrequisitos

Antes de comenzar este módulo, se recomienda que primero haya completado con éxito lo siguiente: *Currículo básico* y *Soldadura, nivel uno*.

Índice

Los temas que vamos a presentar en este módulo comprenden:

1.0.0 INTRODUCCIÓN

Los **símbolos de soldar** se usan en planos, especificaciones del proyecto y especificaciones del procedimiento de soldadura (WPS) para transmitir las especificaciones de diseño para soldaduras. Se usa una serie de símbolos para indicar la configuración de la unión y el tipo, ubicación, tamaño y longitud de soldadura requeridos. Los soldadores deben poder interpretar de manera correcta los símbolos de soldar para asegurar que las soldaduras que realicen cumplan con las especificaciones de diseño.

2.0.0 SÍMBOLOS ESTÁNDAR

La mayoría de las empresas usan los símbolos que han sido estandarizados por la American Welding Society (AWS) en *AWS A2.4:2007, Símbolos estándar para soldaduras, soldaduras fuertes y pruebas no destructivas*. La mayoría de las empresas también tienen un estándar de calidad del lugar que brinda pautas y ejemplos de cómo utilizar los símbolos de soldar. Consulte siempre el estándar de calidad de su lugar de trabajo cuando interprete símbolos de soldadura.

3.0.0 BASE DE SÍMBOLO DE SOLDAR

La base para todos los símbolos de soldar es la **línea de referencia** horizontal con una flecha en un extremo. La **línea de flecha**, que puede estar en cualquiera de los lados de la línea de referencia, apunta hacia el lugar donde se aplica el símbolo de soldar (*Figura 1*). El símbolo de soldar describe el tipo de soldadura, su tamaño y el acabado de su superficie.

El extremo opuesto de la línea de referencia se utiliza para extraer información que ayuda a realizar la soldadura pero no tiene su propio lugar especial en el símbolo (*Figura 2*). Por ejemplo, se utiliza para indicar los procesos de soldadura y corte, la referencia a una nota o el procedimiento de soldadura o tipo de electrodo que se debe utilizar. La cola se omite cuando no se requiere una referencia.

En el caso de una unión en T, la flecha apunta hacia dos lados y la soldadura puede realizarse en cualquiera de los lados. El símbolo de soldar distingue entre los dos lados de una unión usando la flecha y los espacios por arriba y por debajo de la línea de referencia. El lado de la unión a la cual apunta la flecha se denomina lado de la flecha y su soldadura se realiza según las instrucciones que se encuentran debajo de la línea de referencia. El otro lado de la unión se denomina el otro lado y su soldadura se realiza según las instrucciones que se encuentran por arriba de la línea de referencia. La *Figura 3* muestra ejemplos de estos símbolos.

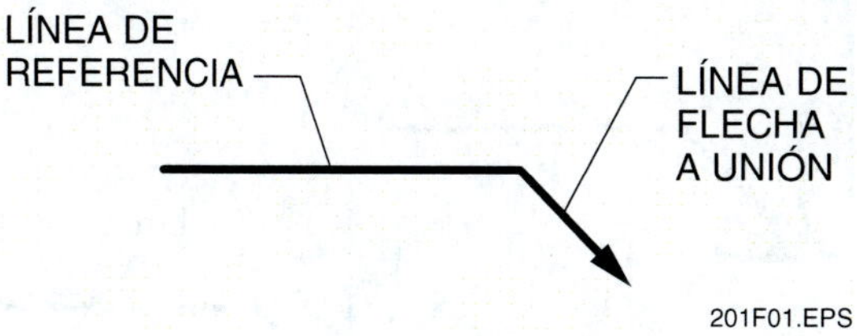

Figura 1 Línea de referencia horizontal.

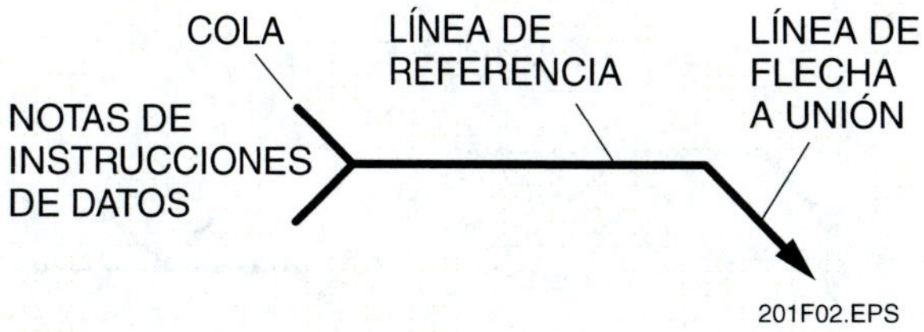

Figura 2 Información del lado de la cola.

Independientemente del extremo en el que se encuentre la línea de la flecha, la información en la línea de referencia siempre se lee de izquierda a derecha. La *Figura 4* muestra una base de símbolo de soldar y los diversos elementos de un símbolo de soldar.

Los **símbolos del tipo de soldadura** usados para identificar el tipo de soldadura que se realizará representan un tipo de soldadura básica o preparación de unión (*Figura 5*).

Consejo importante

Procesos de soldadura y corte

El apéndice en la parte trasera de este módulo detalla las abreviaturas de la AWS para varios procesos de soldadura y corte. La Tabla A-1 cubre los procesos de soldadura, la Tabla A-2 contiene los procesos de corte y la Tabla A-3 incluye las anotaciones complemen-tarias para aplicar procesos de soldadura. Las abreviaturas de las tres tablas se pueden usar en las referencias de cola o en símbolos de soldar de una o varias líneas.

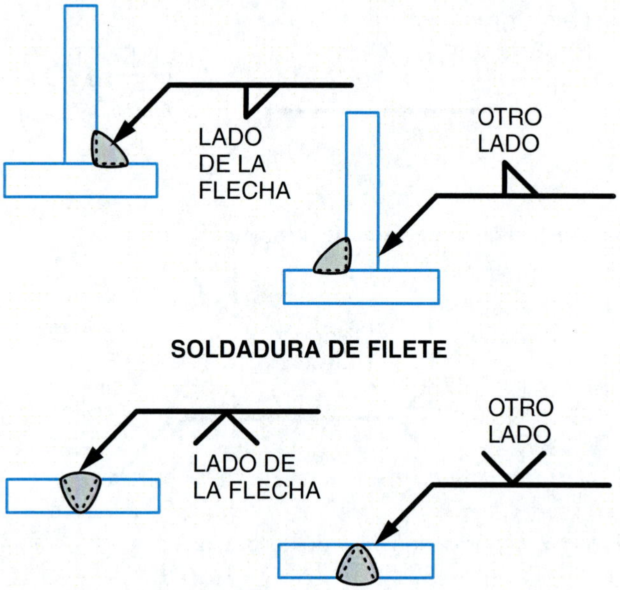

Figura 3 Relevancia del lado de la flecha y del otro lado.

3.1.0 Símbolos para soldaduras

El tipo de soldadura utilizado se determina por la forma en la que las piezas por soldar se colocan para formar la unión. Los tipos básicos de uniones soldadas son la unión de tope, traslape, esquina, en T, de borde, de tope con brida, de esquina con brida, en T con brida, a traslape con brida y de borde con brida (*Figura 6*).

3.2.0 Ubicación de símbolos de soldadura

Cuando el símbolo de soldadura está en la parte superior e inferior de la línea de referencia, la información se aplica a ambos lados de la unión o superficie a la cual apunta la flecha. Los símbolos aparecen a ambos lados de la línea de referencia cuando se especifica una soldadura de filete doble o de canal doble. La *Figura 7* muestra los símbolos para el lado de la flecha, el otro lado y ambos lados para soldaduras de filete y de canal en V.

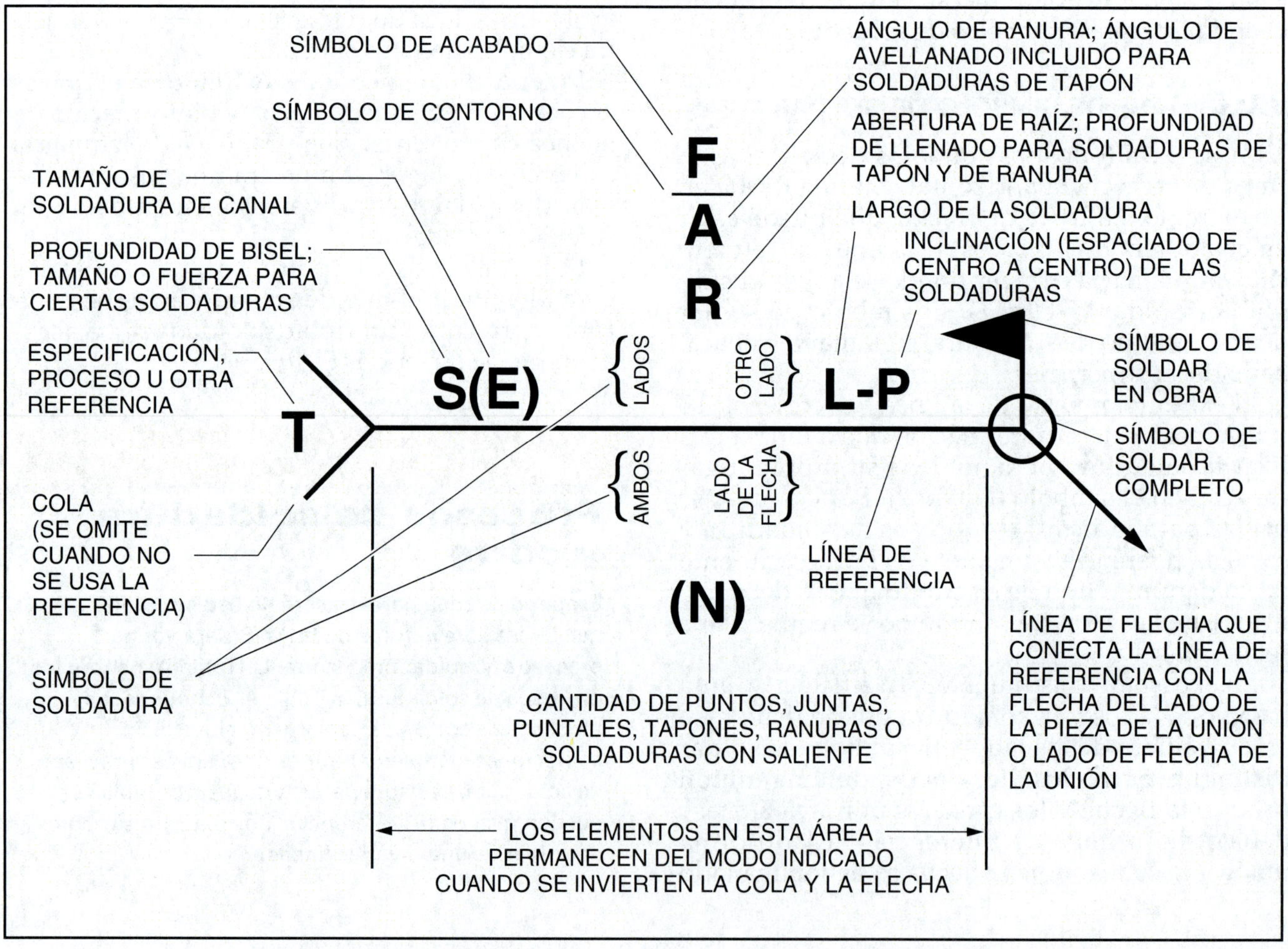

201F04.EPS

Figura 4 Ubicación estándar de un símbolo de soldar.

Consejo importante

Símbolos para pruebas no destructivas

Los símbolos para pruebas no destructivas pueden aparecer en los mismos planos que los símbolos de soldar (y ser muy similares a ellos). Sirven para que los inspectores examinen las uniones una vez que se completa la soldadura. Los métodos no destructivos de inspección se definen mediante códigos de letras en la línea de referencia. La mayoría de los métodos comprenden algún tipo de examen eléctrico, electrónico o magnético.

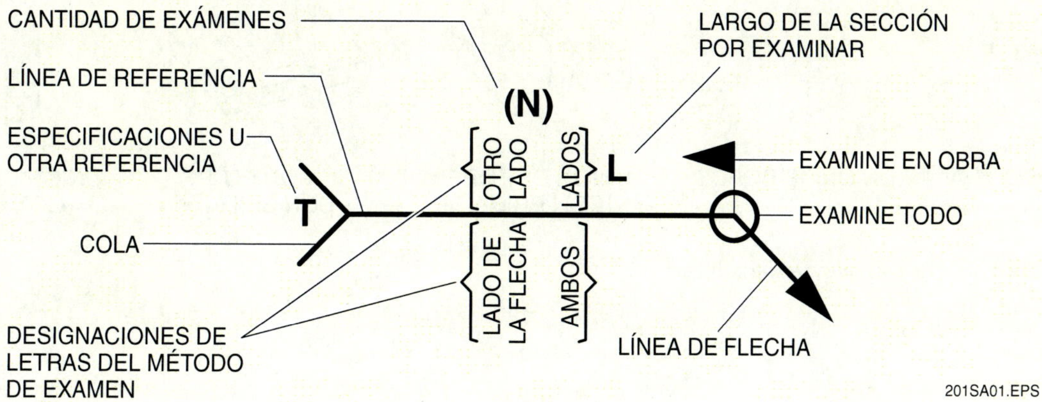

201SA01.EPS

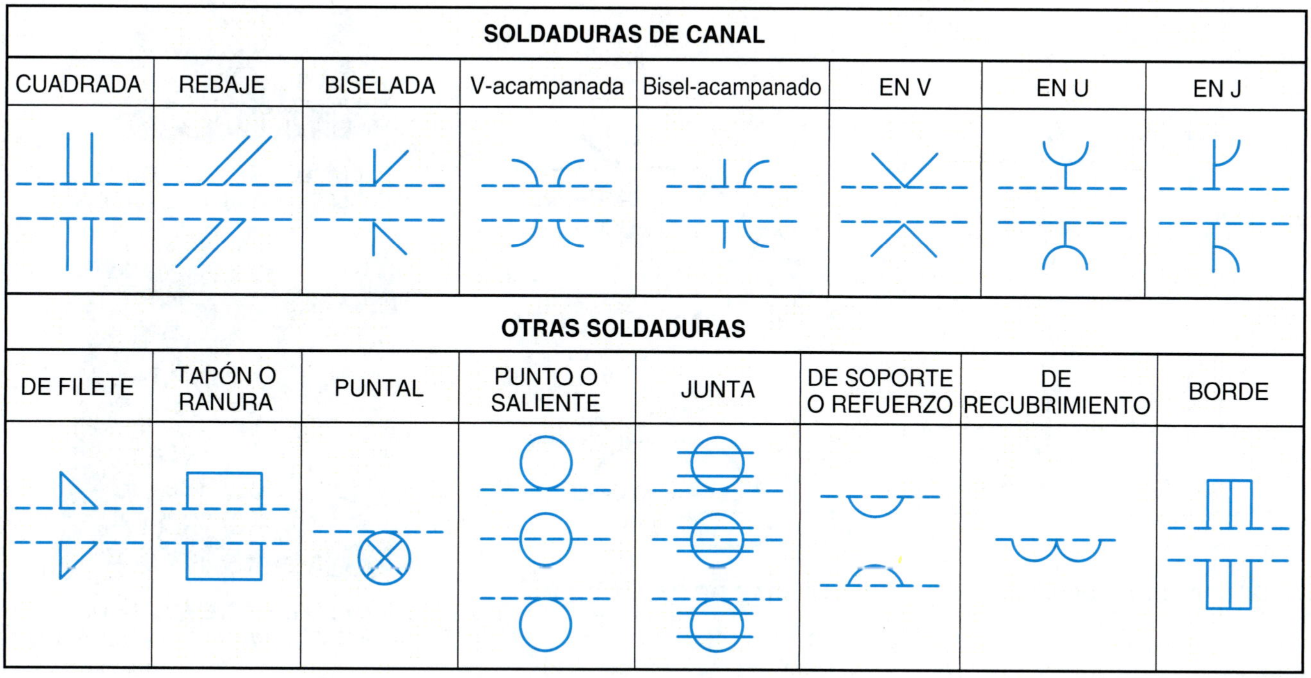

201F05.EPS

Figura 5 Símbolos básicos de soldadura.

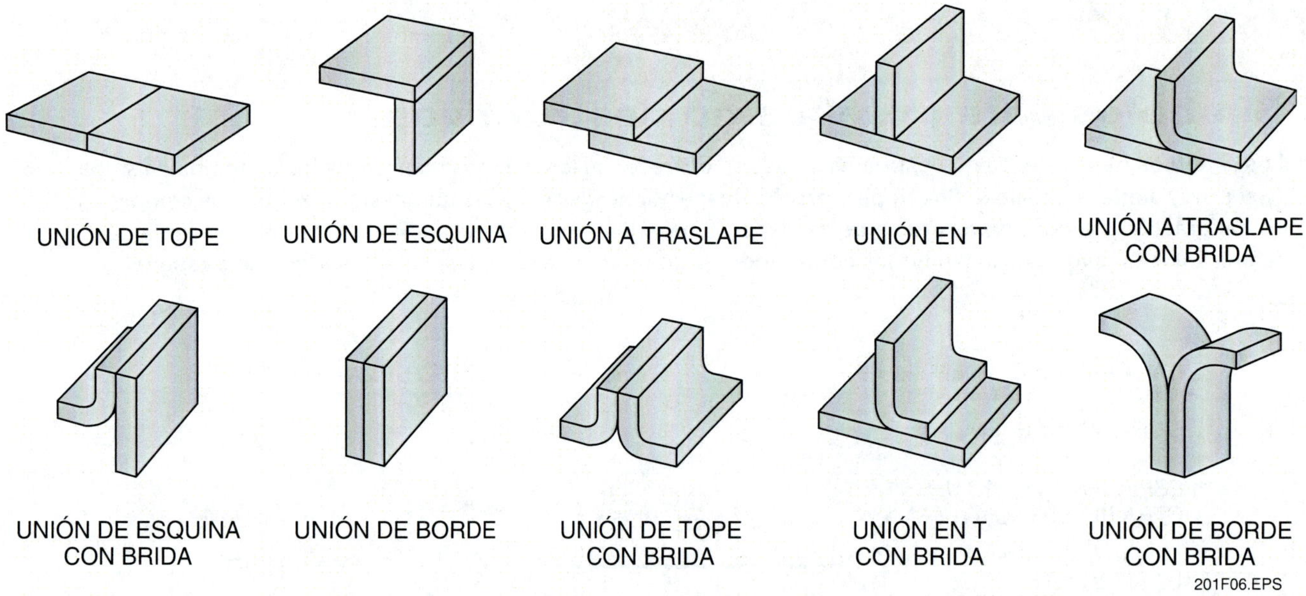

Figura 6 Tipos básicos de uniones de soldadura.

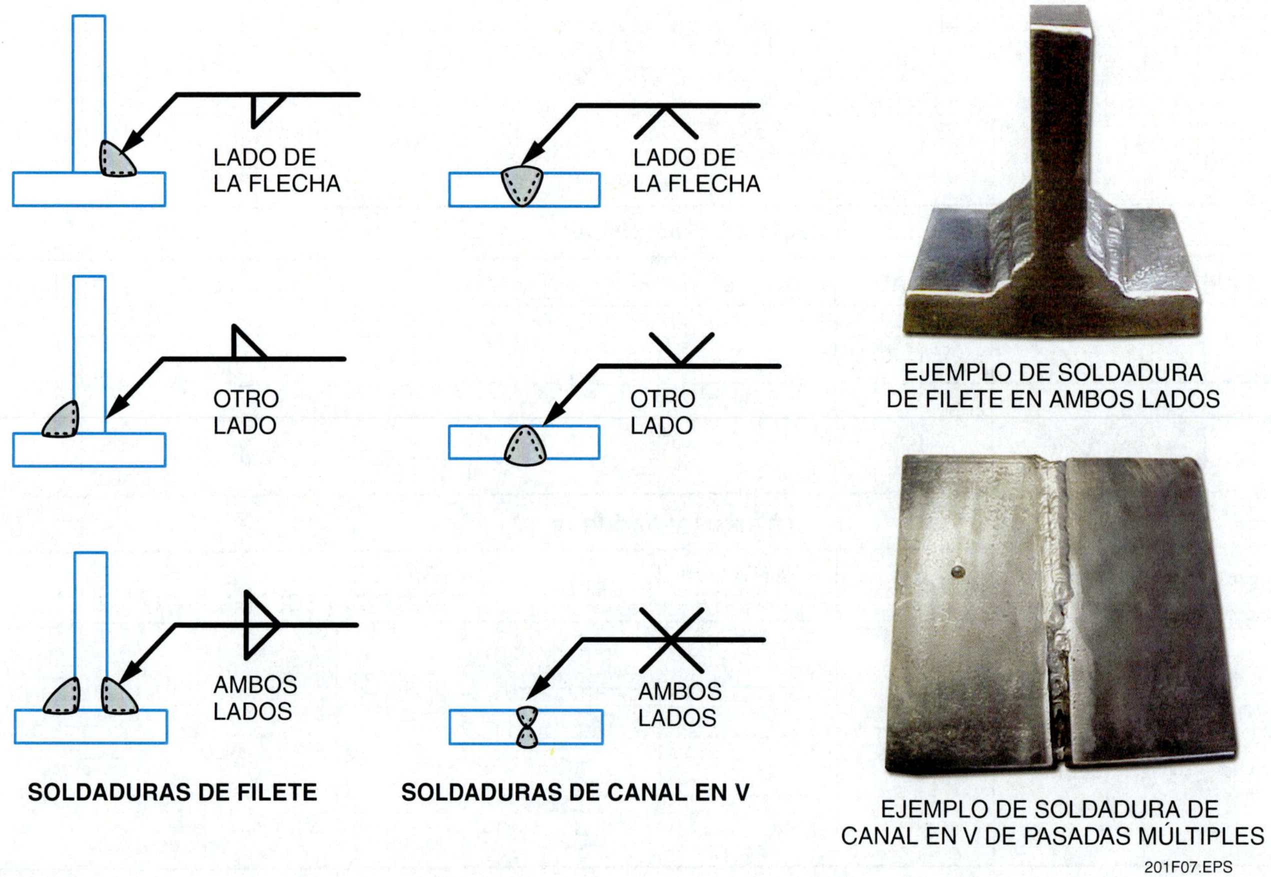

Figura 7 Soldaduras de filete y de canal en V.

La forma del símbolo de soldadura de canal indica cómo se preparará la ranura. En el caso de los símbolos de soldadura de canal biselado y de canal en J, sólo se prepara una de las dos piezas por soldar. La flecha indica cuál pieza se preparará al romperla alrededor de dicha estructura (*Figura 8*). También tenga en cuenta que el brazo vertical del símbolo de soldadura se muestra colocado a la izquierda de los brazos inclinados/curvos. Independientemente de que el símbolo sea para soldaduras de filete, de canal biselado, de canal en J o de canal biselado acampanado, el brazo vertical siempre se coloca a la izquierda.

3.3.0 Combinación de símbolos de soldadura

Cuando se va a realizar más de un tipo de soldadura en la misma unión, es necesario combinar los símbolos de soldadura (*Figura 9*). Una soldadura combinada típica se realiza mediante el agregado de una soldadura de filete a una de canal biselado simple o doble en una unión en T. El símbolo de soldadura de filete siempre se ubica en la parte superior del símbolo de soldar de ranura, tal como sería en la soldadura real.

3.4.0 Medición y dimensión de soldaduras

Excepto que se definan en una nota del plano, la información sobre el tamaño de una soldadura siempre aparece a la izquierda del símbolo al cual se aplica. Por ejemplo, el tamaño de la soldadura de filete que se muestra en la *Figura 10* es de ¼" (0,64 cm). El largo de la soldadura siempre debe aparecer a la derecha del símbolo al cual se aplica. Un ejemplo de ello aparece en la *Figura 11*, donde la longitud es de 6" (15,24 cm).

Consejo importante

Símbolos de soldadura y símbolos de soldar

Un símbolo de soldadura es un carácter gráfico conectado a la línea de referencia de un símbolo de soldar, que especifica el tipo de soldadura. Un símbolo de soldar representa gráficamente las especificaciones para producir una unión soldada. Todos los símbolos de soldar incluyen una línea de referencia y una flecha. Muchas también incluyen un símbolo de soldadura.

Para pensar

Romper la flecha

¿Las representaciones de símbolos que aparecen en la *Figura 8* son las únicas formas para representar la rotura de una flecha?

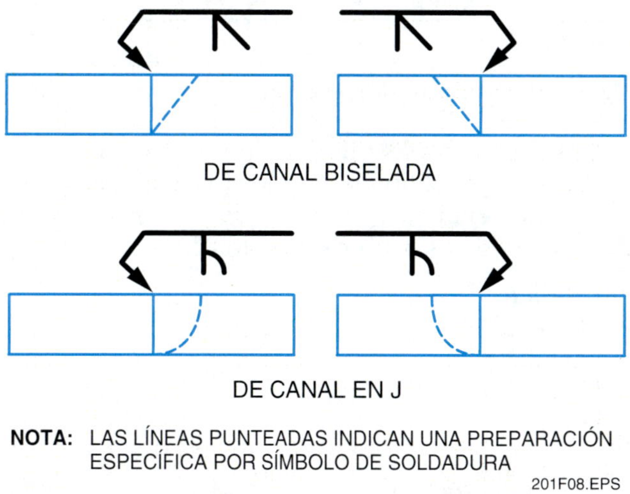

Figura 8 Símbolos del tipo de soldadura de canal biselada y de canal en J.

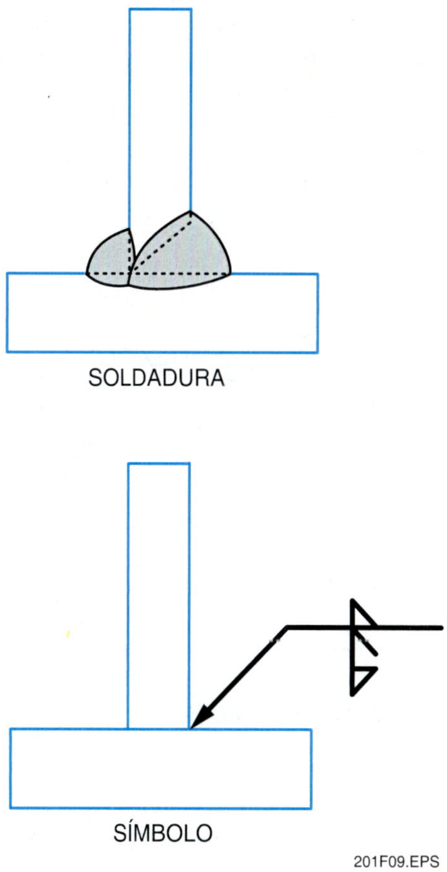

Figura 9 Símbolos de soldadura combinada.

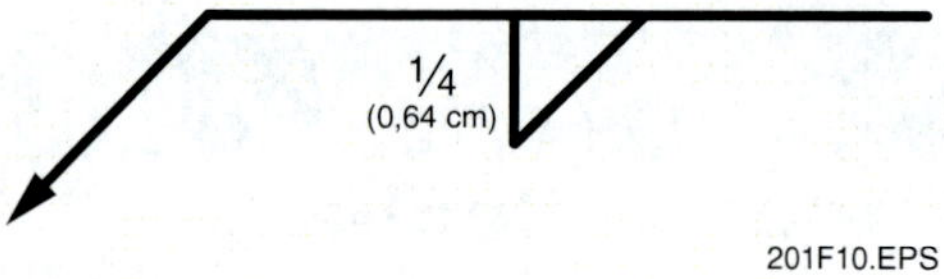

Figura 10 Medición de soldaduras.

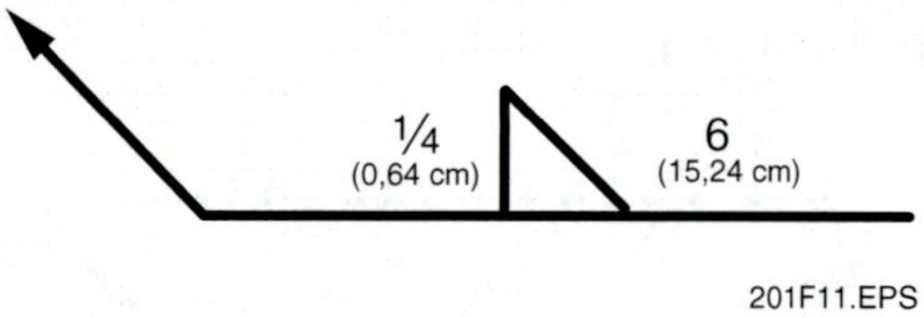

Figura 11 Dimensión de soldaduras.

Las dimensiones pueden aparecer en sistema de fracciones, decimales, o métrico. Las secciones siguientes explican cómo ajustar el tamaño y la dimensión de estos tipos de soldadura:

- De filete
- De canal
- De tapón
- De ranura

Consejo importante

Extremos desiguales de la soldadura de filete

El único uso práctico de los extremos desiguales de la soldadura de filete está en el espesor desigual del metal. Los extremos desiguales no hacen que la soldadura sea más fuerte; predomina el material más espeso. Ayuda a distribuir las cargas y elimina las discontinuidades de fusión incompleta causadas por una soldadura pequeña realizada en material pesado sin precalentar.

3.4.1 Medición de soldaduras de filete

Una soldadura de filete es una soldadura que se realiza en una esquina. Tiene una forma medianamente triangular y une dos superficies de soldadura perpendiculares, como una unión de traslape, en T o de esquina. El tamaño de una soldadura de filete es el largo de los extremos (lados) del triángulo más grande que puede inscribirse dentro del corte transversal de la soldadura de filete (*Figura 12*).

Los largos de los extremos en una soldadura de filete típica son iguales, de modo que solamente se indica una dimensión. El tamaño de las soldaduras de filete con extremos iguales se indica colocando el tamaño a la izquierda del símbolo de soldadura de filete o se define en una nota del plano.

Si la soldadura de filete tiene extremos desiguales, el tamaño de cada extremo se indica entre paréntesis o corchetes a la izquierda del símbolo de soldadura de filete con un dibujo o una explicación de la orientación del extremo. Un ejemplo de ello se muestra en la *Figura 13* en el que los extremos desiguales tienen ¼ " (0,64 cm) y ½ " (1,27 cm).

Para pensar

Ubicación de los extremos desiguales de la soldadura de filete

¿Cómo determina el soldador qué lado de la soldadura de filete tiene el extremo más largo?

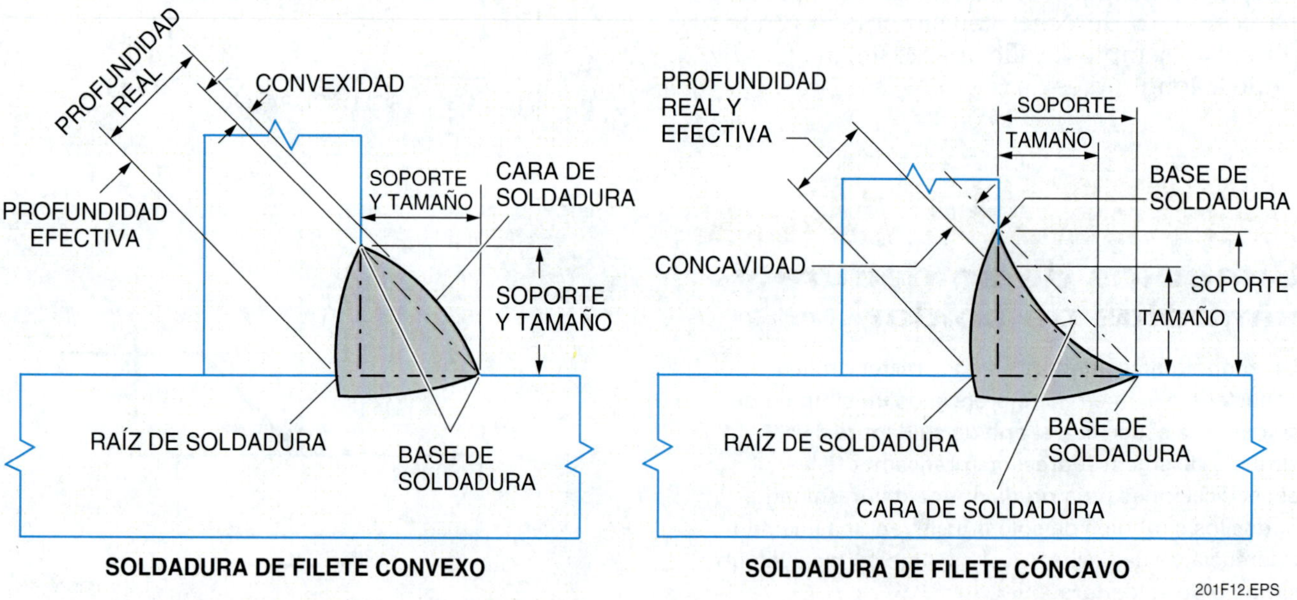

Figura 12 Perfil de las soldaduras de filete.

3.4.2 Dimensión de soldaduras de filete

El largo de la soldadura de filete aparece a la derecha de su símbolo. Si la soldadura de filete va a ser intermitente, el largo (longitud de cada segmento) y el espacio (distancia de centro a centro entre soldaduras) aparecen con un guión. El guión aparece entre el largo, que siempre aparece primero, y el espacio, que siempre aparece segundo. La *Figura 14* muestra un largo de 2 " (5,08 cm) y un espacio de 6 " (15,24 cm). Si se necesitan soldaduras de filete en ambos lados de la unión, pueden estar dorso contra dorso o escalonadas. Si las soldaduras están dorso contra dorso, aparecen en la *Figura 14A*, los símbolos del tipo de soldadura de filete se alinean uniformemente en ambos lados de la línea de referencia, como se muestra en la *Figura 14B*. Si las soldaduras se van a escalonar, como aparece en la *Figura 14C*, los símbolos del tipo de soldadura de filete encima y debajo de la línea de referencia están desplazados, según muestra la *Figura 14D*.

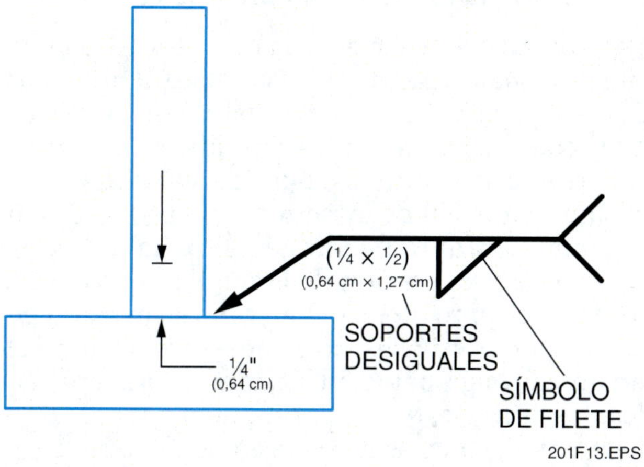

Figura 13 Medición de las soldaduras de filete.

Cuando no hay ninguna dimensión a la derecha del símbolo de soldadura de filete, la soldadura se extiende por el largo total de la unión.

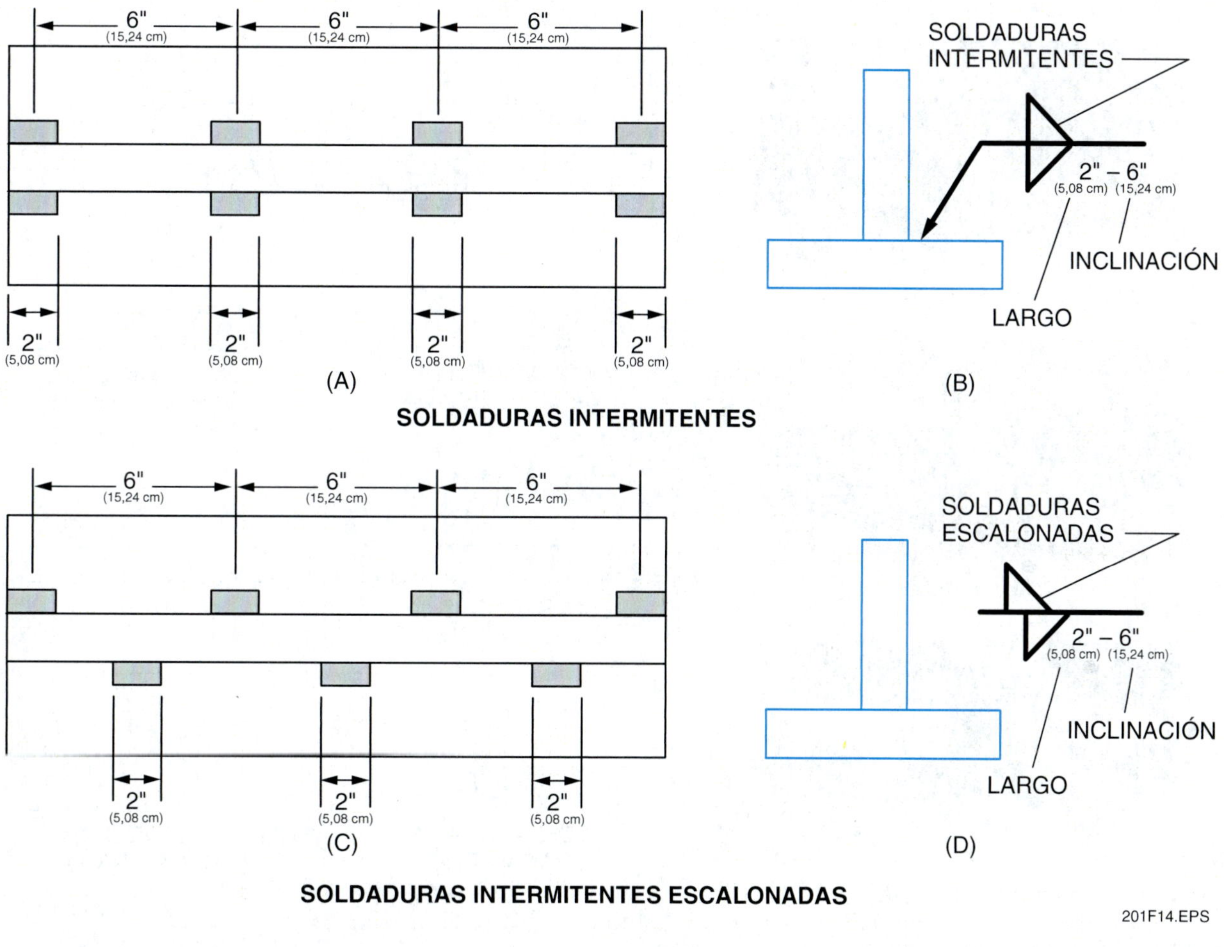

Figura 14 Dimensión de las soldaduras de filete.

3.4.3 Dimensión de soldaduras de canal

Una soldadura de canal es la que se realiza en la ranura formada por dos piezas de metal biseladas (*Figura 15*). Se deben tener en cuenta diversos factores cuando se miden las soldaduras de canal, que se aplican a todos los tipos de soldadura.

La preparación de la ranura es la profundidad a la cual la ranura penetra en el metal de base. Cuando la preparación de la ranura se extiende por todo el largo de la unión, como se muestra en las *Figuras 16A* y *16B*, no es necesario indicar el tamaño de la preparación. Cuando la preparación de la ranura se extiende parcialmente por el largo de la unión, como se muestra en las *Figuras 16C* y *16D*, la profundidad de la ranura aparece a la izquierda del símbolo. Las *Figuras 16C* y *16D* muestran cómo medir una ranura con una profundidad de ¼ " (0,64 cm).

Para las soldaduras de canal con penetración parcial (PJP), tanto la profundidad de penetración de la ranura como el tamaño de la soldadura (penetración de la unión) se muestran en las *Figuras 17A* y *17B*. La profundidad de la ranura se muestra primero y el tamaño de la soldadura se muestra después, entre paréntesis. En este ejemplo, la profundidad de la ranura es de 0,25" (0,64 cm) y el tamaño de la soldadura es de 0,385" (0,98 cm). Para las soldaduras de canal con penetración completa (CJP), el tamaño de la soldadura (penetración de la unión) es el espesor del metal de base, sin incluir los refuerzos de cara y raíz.

Si se requiere una abertura de raíz, la dimensión de abertura de raíz de una soldadura de canal aparecerá dentro del símbolo. En la *Figura 18*, la abertura de raíz es de ⅛ " (0,32 cm) y aparece solamente en el símbolo del lado de la flecha porque comprende a ambas ranuras.

El ángulo para el tipo de ranura se indica por arriba o por debajo del símbolo de soldar, según si el símbolo está por arriba o por debajo de la línea de referencia. En la *Figura 19*, el ángulo de la ranura es de 45 grados y aparece solamente al lado del símbolo del lado de la flecha porque la ranura es igual en ambos lados. El ángulo biselado para la preparación de la ranura en cada pieza de trabajo es de 22½ grados.

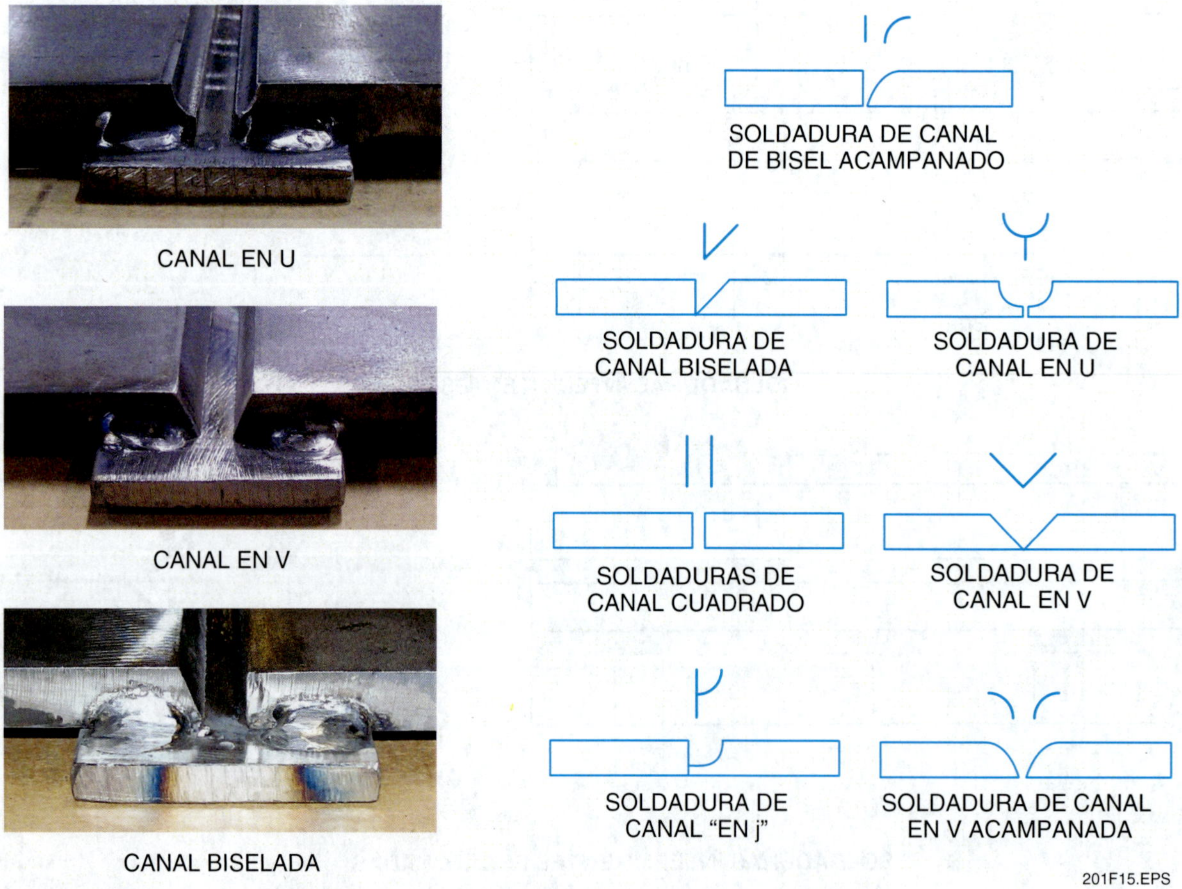

Figura 15 Tipos de soldadura de canal.

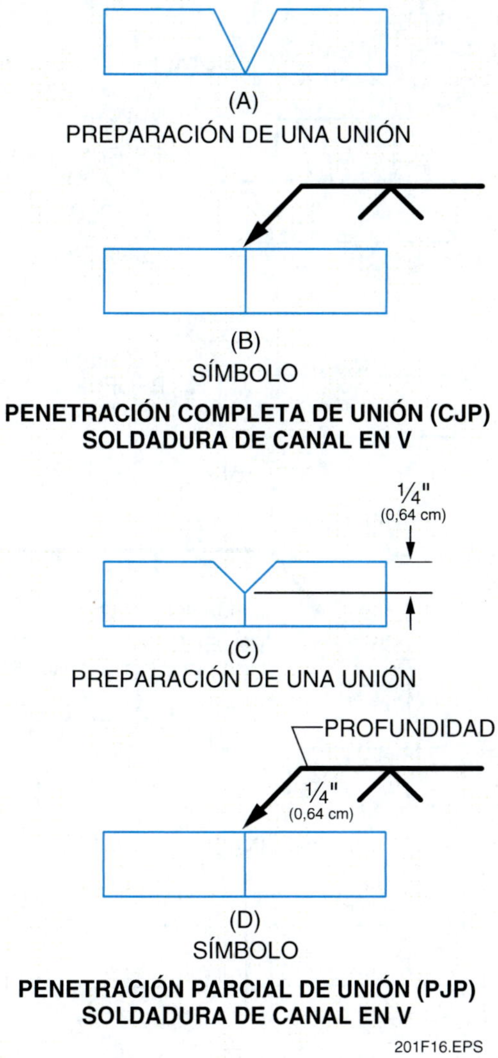

Figura 16 Medición de soldaduras de canal.

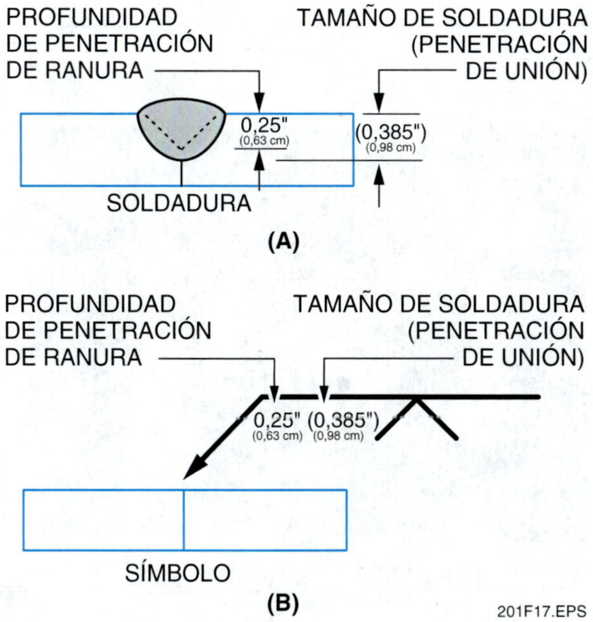

Figura 17 Medición de soldaduras de canal con penetración parcial (PJP).

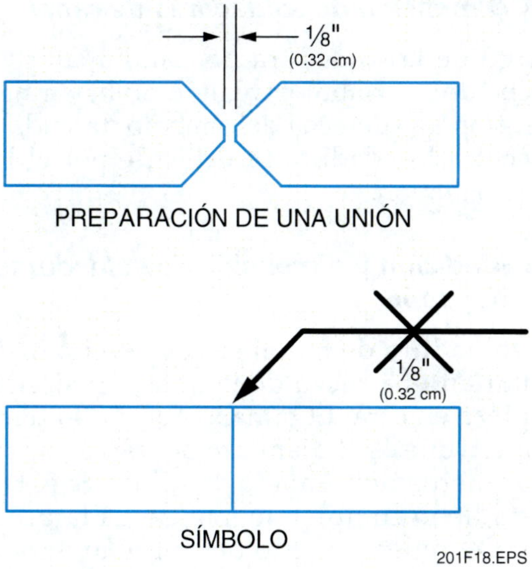

Figura 18 Medición de la abertura de raíz.

Consejo importante

Penetración de la soldadura de canal

Cuando la preparación de la ranura se extiende por toda la unión, la soldadura de la unión resulta en una soldadura de canal con penetración completa (CJP). La soldadura de una unión de canal preparada en forma parcial, resulta en una soldadura de canal con penetración parcial (PJP).

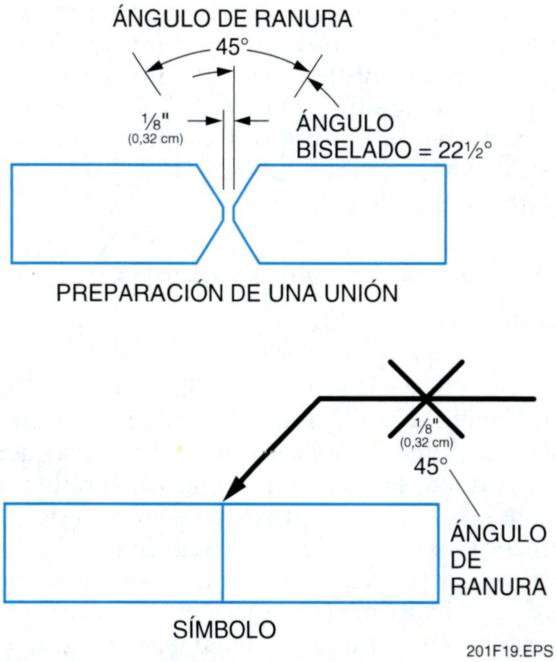

Figura 19 Especificación del ángulo de la ranura.

3.4.4 Dimensión de soldaduras de canal

El largo de la soldadura de canal aparece a la derecha de su símbolo. Cuando no hay ninguna dimensión a la derecha del símbolo de soldadura de canal, la soldadura se extiende por el largo total de la unión.

3.4.5 Medición y dimensión de soldaduras de tapón

Una soldadura de tapón se hace en un orificio circular en una pieza de la unión, fusionando una pieza en otra. El tamaño de una soldadura de tapón, que es el diámetro del tapón, aparece a la izquierda del símbolo de soldar. Si el tapón no está lleno completamente, se da la profundidad del relleno dentro del símbolo de soldadura de tapón, como se muestra en la *Figura 20A*. Si la soldadura de tapón se va a embutir, el ángulo de **avellanado** se muestra debajo y encima del símbolo de soldadura, según el lado de la línea de referencia del símbolo, como muestra la *Figura 20B*. El espacio, que se muestra en la *Figura 20C*, representa el espaciado de centro a centro de los tapones mostrados en la *Figura 20B* a la derecha del símbolo de soldadura de tapón. La *Figura 20* muestra una vista compuesta de medición y dimensión de soldaduras de tapón.

3.4.6 Medición y dimensión de soldaduras de ranura

La profundidad y el tiempo de llenado se usan con un símbolo de soldadura de ranura solamente cuando las ranuras están parcialmente llenas. La profundidad parcial de llenado se muestra en el símbolo (*Figura 21*). El resto de la información, como longitud, ancho, espaciado, ángulo de avellanado y ubicación de ranuras, se muestra en detalle en el plano.

3.4.7 Líneas de referencia múltiples

Cuando se debe realizar más de una tarea de soldadura en una secuencia determinada, dos o más líneas de referencia se deben utilizar para indicar la secuencia. Las *Figuras 22A* y *22B* ilustran la secuencia típica de operaciones. En cada secuencia, la primera operación por realizar será la más cercana a la flecha. La primera operación deberá aparecer en la línea de referencia que es la más cercana a la flecha. Las operaciones siguientes aparecerán en forma secuencial en otras líneas de referencia. La última operación que se realizará será la más lejana a la flecha.

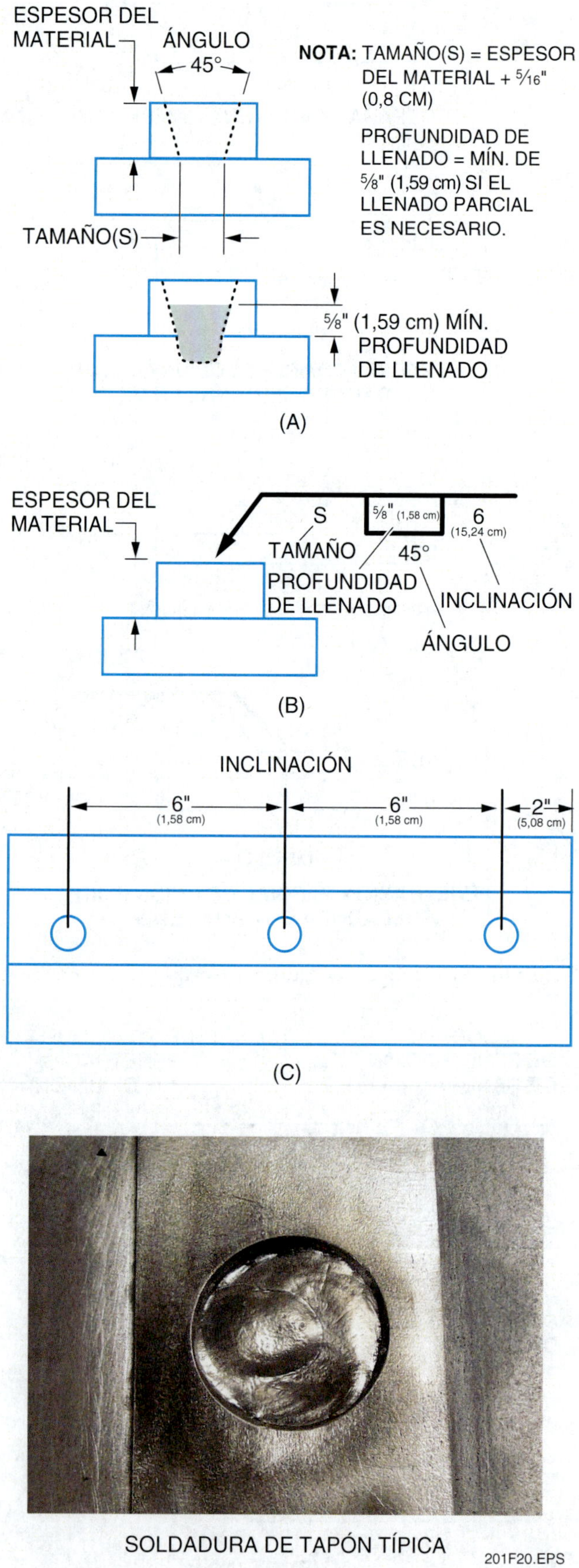

Figura 20 Medición y dimensión de soldaduras de tapón.

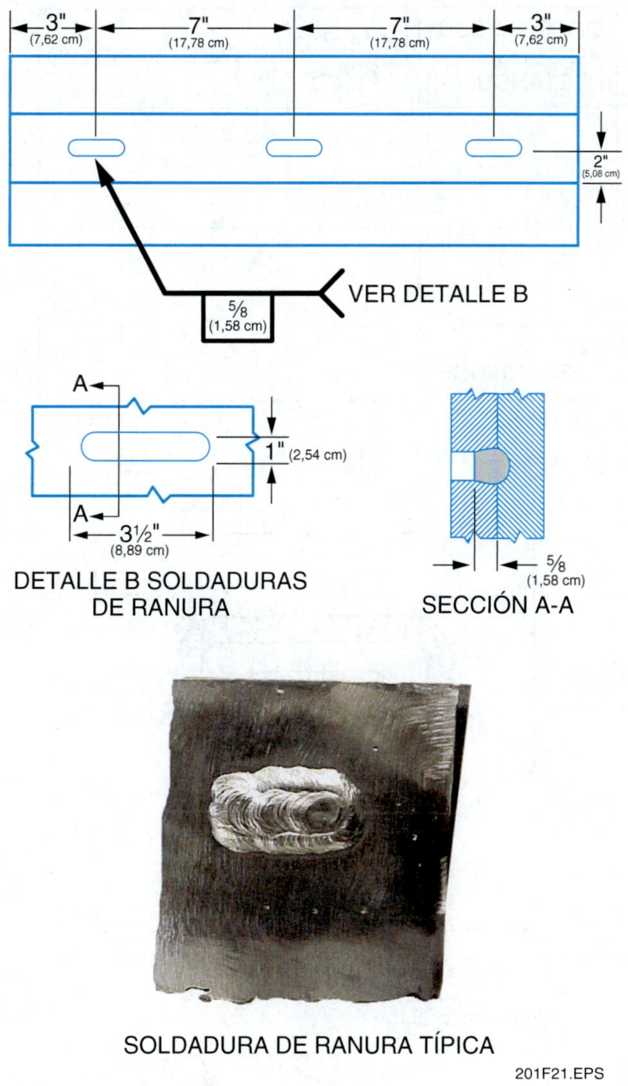

Figura 21 Medición de soldaduras de canal.

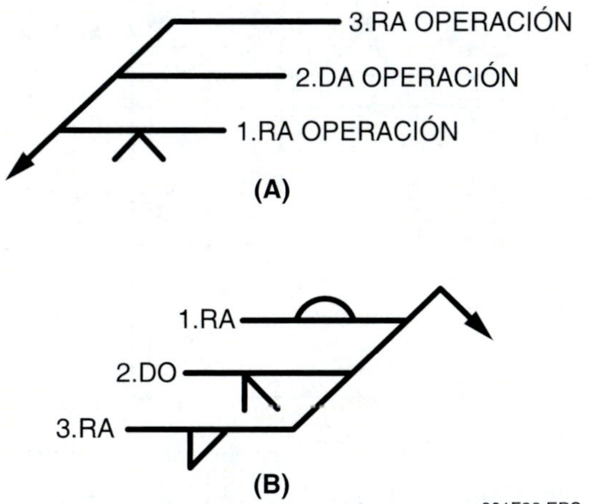

Figura 22 Líneas de referencia múltiples.

Las líneas de referencia múltiples podrán utilizarse para mostrar datos complementarios a la información del símbolo de soldar que está en la línea de referencia más cercana a la flecha. Como se muestra en las *Figuras 23(A)* y *23(B)*, la información de la prueba aparecerá en la segunda o tercera línea a partir de la flecha.

Cuando es necesario, el símbolo de soldar completa que se muestra en la *Figura 24A* se debe ubicar en la unión de la línea de la flecha y de referencia para cada operación que corresponda. El símbolo de soldadura en obra que se muestra en la *Figura 24B* también puede utilizarse de esta forma. Estos símbolos complementarios se explican en la sección siguiente.

4.0.0 SÍMBOLOS COMPLEMENTARIOS

Los símbolos complementarios a continuación se utilizan para transmitir instrucciones especiales que se aplican al símbolo de soldar:

- Soldadura completa
- Soldadura en obra
- Acabado de contorno (nivelado, convexo, cóncavo)

La *Figura 25* muestra estos y otros símbolos complementarios.

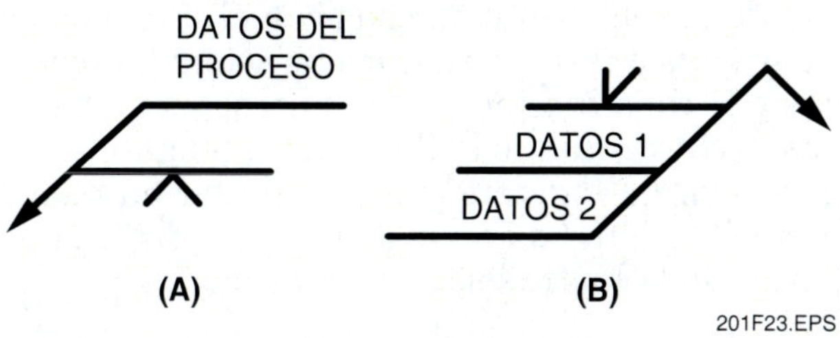

Figura 23 Datos complementarios.

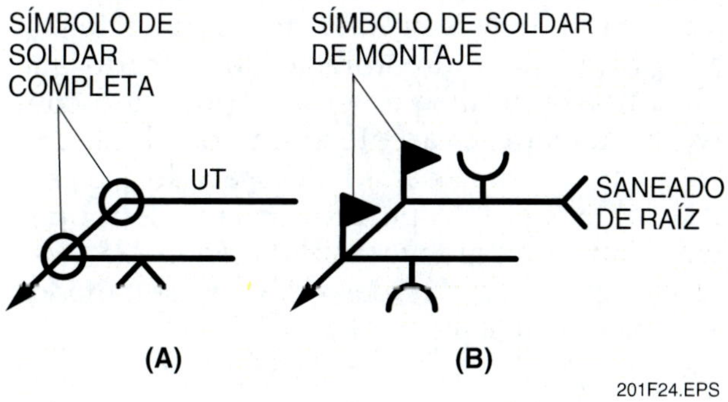

Figura 24 Ubicación típica de símbolos complementarios.

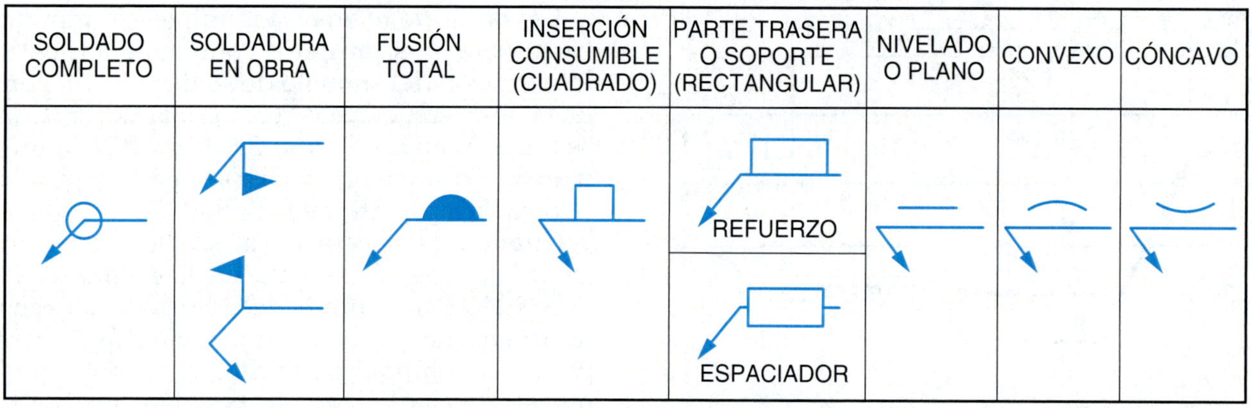

201F25.EPS

Figura 25 Símbolos complementarios.

4.1.0 Soldadura completa

Cuando una soldadura se extiende completamente alrededor de la unión, como cuando se realiza un trabajo de soldadura de un canal a una placa de base, un pequeño círculo aparece cuando la flecha llega a la línea de referencia. Las *Figuras 24, 25,* y *26* muestran la ubicación del símbolo. La *Figura 26* también muestra el resultado esperado del símbolo de una soldadura completa típica.

4.2.0 Soldadura en obra

Cuando la soldadura marcada con el símbolo de soldar se va a realizar en una ubicación diferente a la de la construcción inicial, una pequeña bandera se coloca donde la flecha llega a la línea de referencia. La bandera puede apuntar en cualquier dirección. La *Figura 27* muestra dos ejemplos de símbolos de soldar en obra.

4.3.0 Acabado de contorno

Cuando la cara de la soldadura debe tener un acabado diferente a su condición normal de soldadura, se coloca un símbolo de acabado que indica una superficie nivelada, convexa o cóncava de manera adyacente al símbolo de soldar. El método utilizado para dar el acabado a la cara de la soldadura se especifica con una letra, por ejemplo, una M para mecanizado (*Figura 28*). Vea la *Tabla 1* para consultar los símbolos de métodos de acabado y de letra.

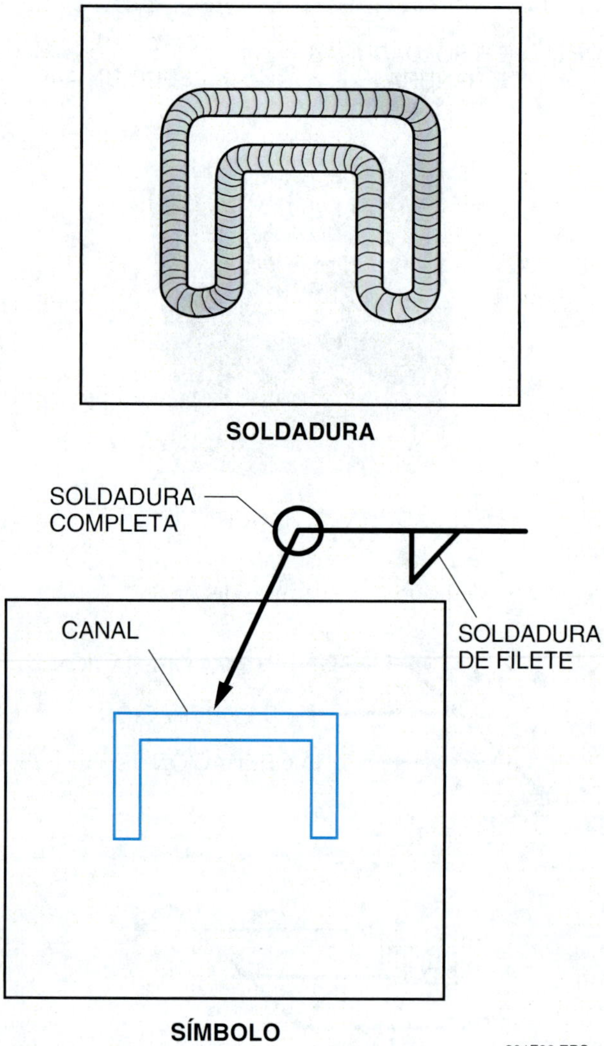

201F26.EPS

Figura 26 Símbolos de soldadura completa.

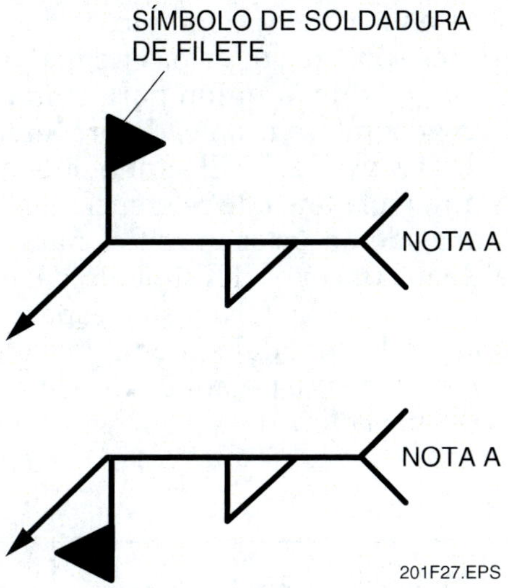

Figura 27 Símbolos de soldadura en obra.

5.0.0 Otros símbolos

Otros símbolos del tipo de soldadura menos comunes son los siguientes:

- Refuerzo y espaciado
- Soporte o refuerzo
- Fusión total
- Recubrimiento superficial
- Borde
- Lugar
- Unión
- Inserción consumible

Tabla 1 Métodos de acabado

Método	Letra
Triturado	C
Esmerilado	G
Martillado	H
Maquinizado	M
Enrollado	R
No especificado	U

201T01.EPS

Para pensar

Acabados de contorno no especificados

¿Qué significa un acabado de contorno no especificado (U)?

Consejo importante

Las letras TYP

Las letras TYP (que significan "típico") se ubican en la cola del símbolo de soldadura para indicar uniones múltiples de la misma configuración. Esto elimina la duplicación del mismo símbolo de soldadura en el plano.

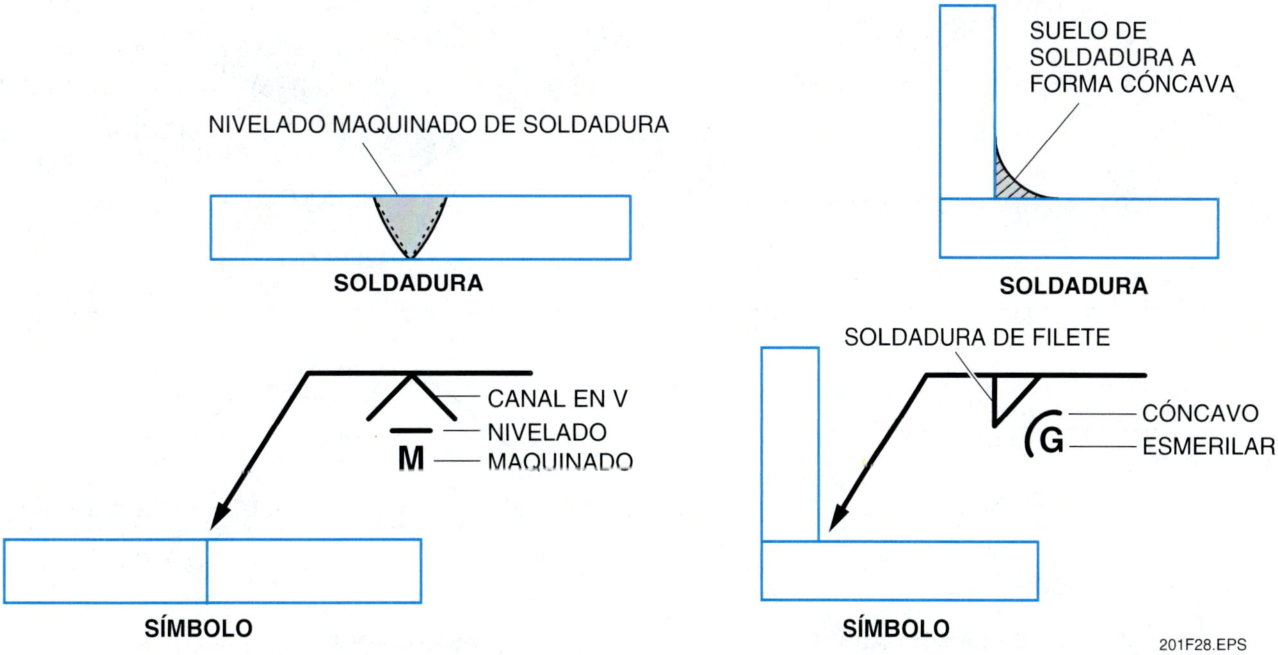

Figura 28 Ejemplos de acabados de contorno y símbolos.

En las próximas secciones se explican otros símbolos menos comunes. La *Figura 29* incluye los nombres y las gráficas de esos símbolos.

5.1.0 Símbolos de refuerzo y espaciado

El refuerzo se utiliza en la raíz de la soldadura para controlar la fusión total. El refuerzo puede ser de tiras o formas de metal, cinta autofundente, cinta de fibra de vidrio o cinta cerámica. El símbolo de refuerzo se ubica frente al símbolo de soldadura de canal en la línea de referencia. El material, el tamaño y la forma del refuerzo se especifican en la cola del símbolo de soldar. Los espaciadores son tiras o formas de metal que se ubican en la raíz de la unión para evitar que se queme. En general, se usan en la preparación de uniones de ranura doble. El símbolo de espaciador se centra en la línea de referencia. El símbolo de soldadura de unión se modifica para proyectarse desde los rincones del símbolo del espaciador. El material y la forma del espaciador se especifican en la cola del símbolo de soldar. La *Figura 30* incluye ilustraciones de símbolos de refuerzo y espaciador.

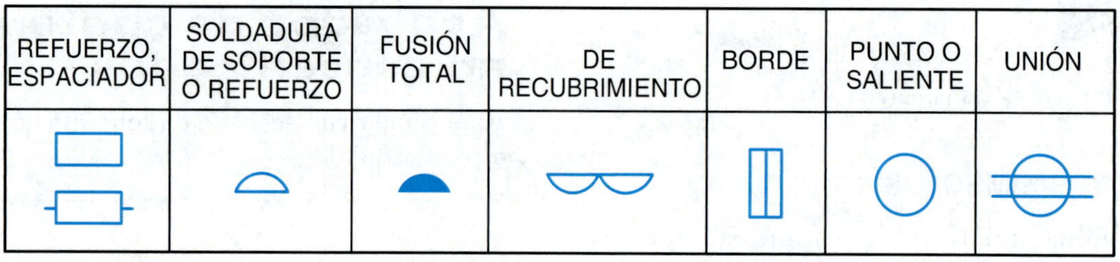

201F29.EPS

Figura 29 Otros símbolos.

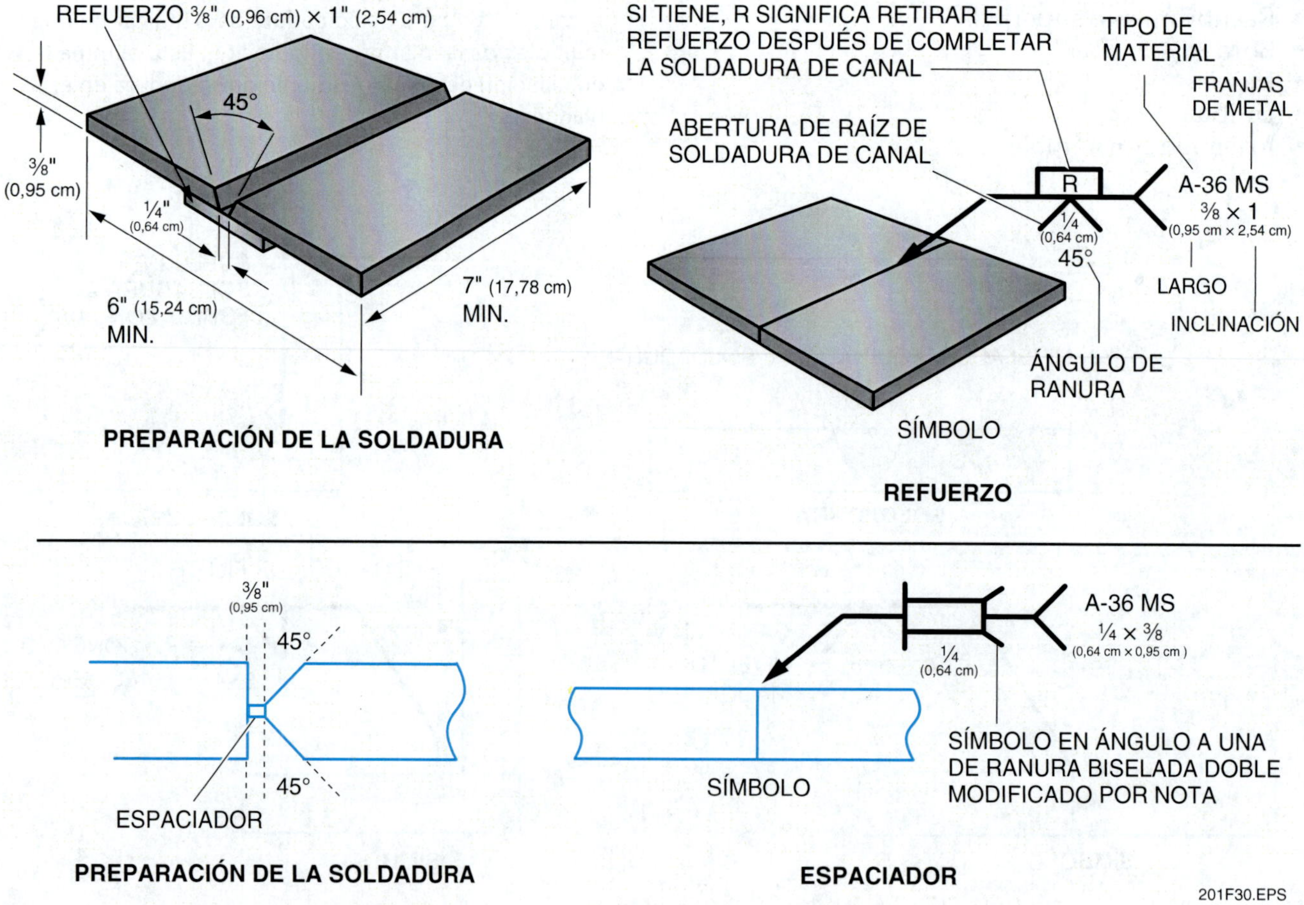

201F30.EPS

Figura 30 Símbolos de refuerzo y espaciador.

5.2.0 Símbolos de soldadura de soporte o refuerzo

Se hace una soldadura de soporte después de la soldadura de canal. Se hace una soldadura de refuerzo antes de la soldadura de canal. Se utiliza el mismo símbolo para indicar una soldadura de soporte o de refuerzo (*Figura 31*). El símbolo de soldadura de refuerzo se ubica frente a un símbolo de soldadura de canal en la línea de referencia. Una nota en la cola del símbolo de soldar indica qué soldadura se hará.

5.3.0 Símbolos de fusión total

Cuando se necesita una penetración completa de un lado de una unión y se desea reforzar la raíz, se puede usar un símbolo de fusión total (*Figura 32*) para especificar la cantidad de fusión total. Se ubica frente al símbolo de soldadura de canal en la línea de referencia. Es similar al símbolo de soporte o refuerzo, excepto que está relleno. La cantidad necesaria de fusión total se ubica a la izquierda del símbolo de fusión total.

5.4.0 Símbolos de soldadura de recubrimiento

La American Welding Society define al recubrimiento como "la aplicación mediante soldadura, soldadura fuerte o rociado térmico de una capa de material a una superficie para obtener las propiedades o dimensiones deseadas, en lugar de hacer una unión". Los ejemplos de soldadura de recubrimiento aparecen en la *Figura 33*. Se usa un símbolo de soldadura de "recubrimiento superficial" cuando una superficie se va a cubrir con soldadura. La profundidad de acumulación se indica a la izquierda del símbolo.

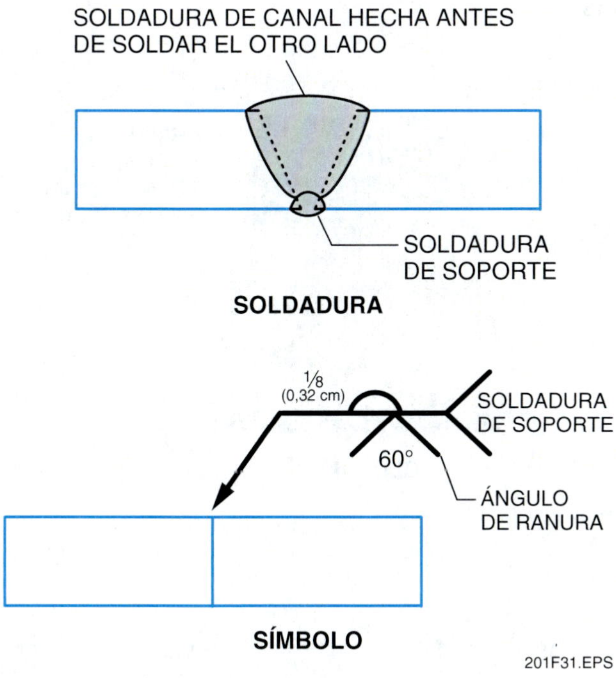

Figura 31 Símbolo de soldadura de soporte o refuerzo.

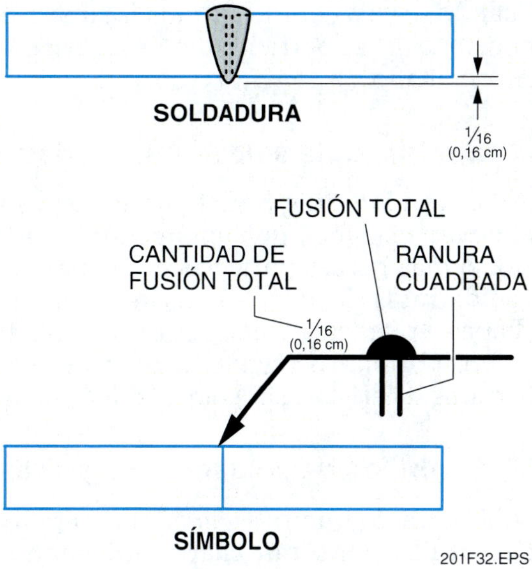

Figura 32 Símbolo de fusión total.

Consejo importante

Un símbolo de soldar alternativo

El símbolo de soldar que aparece en la *Figura 31* se podría presentar también como un símbolo de líneas múltiples. Si se utiliza un símbolo de líneas múltiples, se elimina la información de la cola que aparece en la soldadura de soporte. Esto se debe a que la primera operación es la soldadura de canal y la segunda operación, por definición, solamente puede ser una soldadura de soporte en lugar de una soldadura de refuerzo.

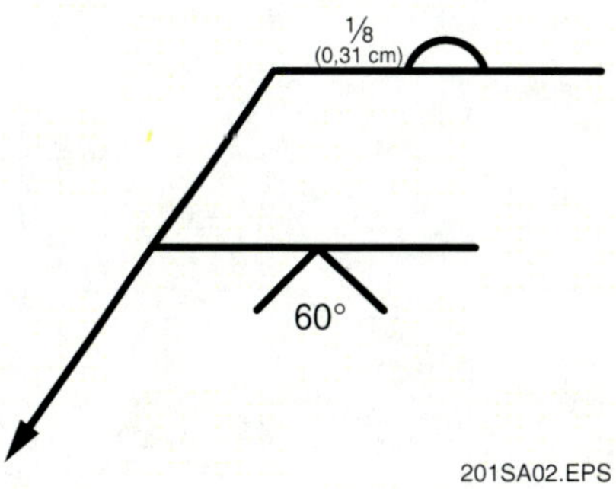

Cuando se va a cubrir casi toda la superficie, se dimensiona la superficie que se cubrirá en el plano detallado.

5.5.0 Símbolos de soldadura de aristas

La American Welding Society define a la soldadura de arista como "una unión entre los bordes de dos o más piezas paralelas o casi paralelas". Las soldaduras de aristas se usan generalmente en chapas y pueden ser uniones de tope con brida o en T con brida. La *Figura 34* muestra diversas soldaduras de aristas, símbolos y dimensiones.

5.6.0 Símbolos de soldadura de punto

La soldadura de punto (*Figura 35*) es un proceso que se utiliza para unir chapas utilizando una serie de pequeños puntos. Hay dos tipos: soldadura de resistencia de puntos (RSW) y soldadura por arco de puntos. RSW utiliza el calentamiento de resistencia eléctrica y la presión de apriete para fundir los paneles de lámina de metal. La soldadura por arco de puntos requiere una soldadura por arco metálico en gas (GMAW) o soldadura por arco de tungsteno con gas (GTAW). El proceso utilizado para realizar la soldadura de punto se especifica en la cola. El tamaño de una soldadura de punto se indica a la izquierda del símbolo. La inclinación (espaciado de centro a centro) se indica a la derecha del símbolo. La cantidad de soldaduras de punto se define entre paréntesis debajo del símbolo. Para soldaduras de punto del lado de la flecha, el círculo se ubica en la parte inferior de la línea de referencia. Cuando se ubica la soldadura de punto sobre el otro lado, el círculo se ubica en la parte superior de la línea de referencia. Cuando no hay relevancia de ese lado (como con una soldadura de resistencia de puntos), el círculo se centra en la línea de referencia. Los planos definirán los lugares de inicio o finalización para las soldaduras de punto.

5.7.0 Símbolos de soldadura de junta

La soldadura de junta se usa para unir dos piezas de lámina de metal en una unión continua o en una serie de soldaduras de punto superpuestas. Varios procesos pueden realizar una soldadura de junta. Los más comunes son: soldadura por arco metálico en gas (GMAW), soldadura por arco de tungsteno con gas (GTAW) y soldadura de junta de resistencia (RSEW). El proceso que se usa para la soldadura de junta se especifica en la cola. El tamaño de una soldadura de junta (ancho) o la fuerza de la soldadura aparece a la izquierda del símbolo. La longitud y la inclina-

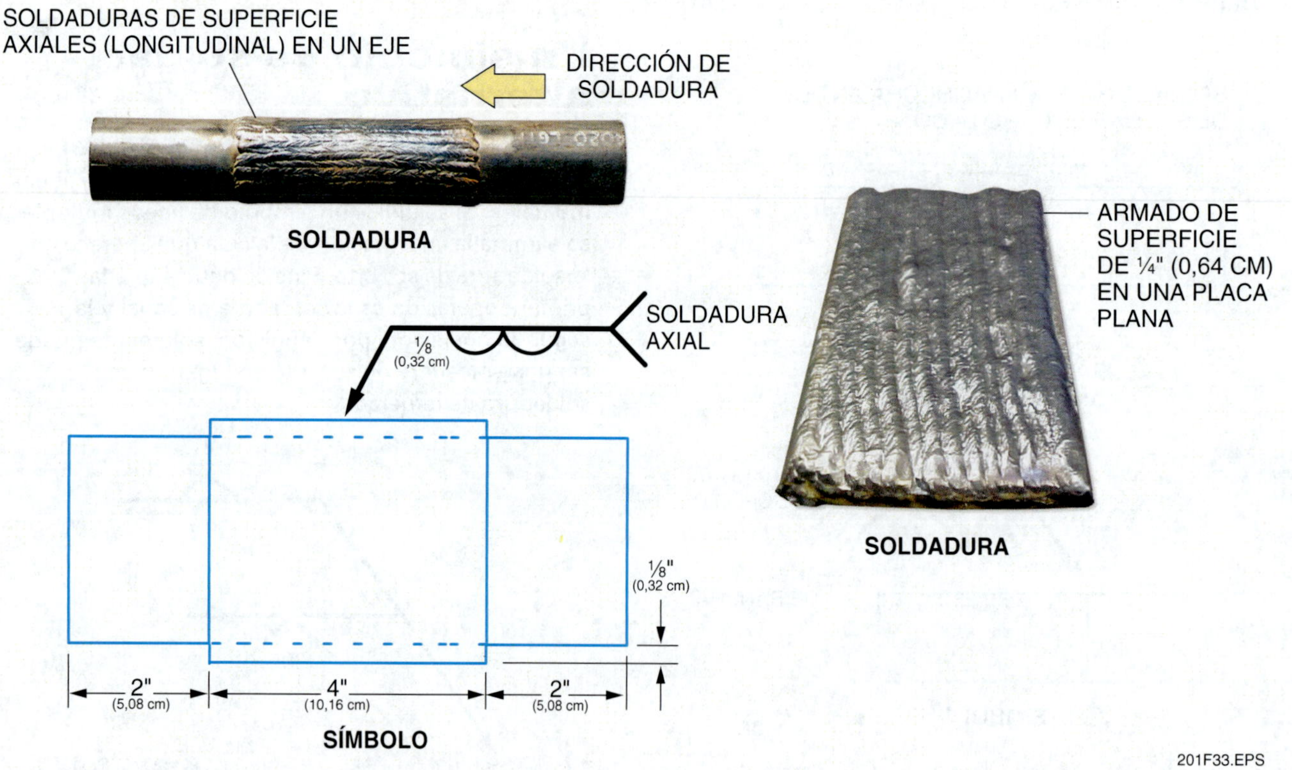

Figura 33 Símbolos y soldaduras de recubrimiento superficial.

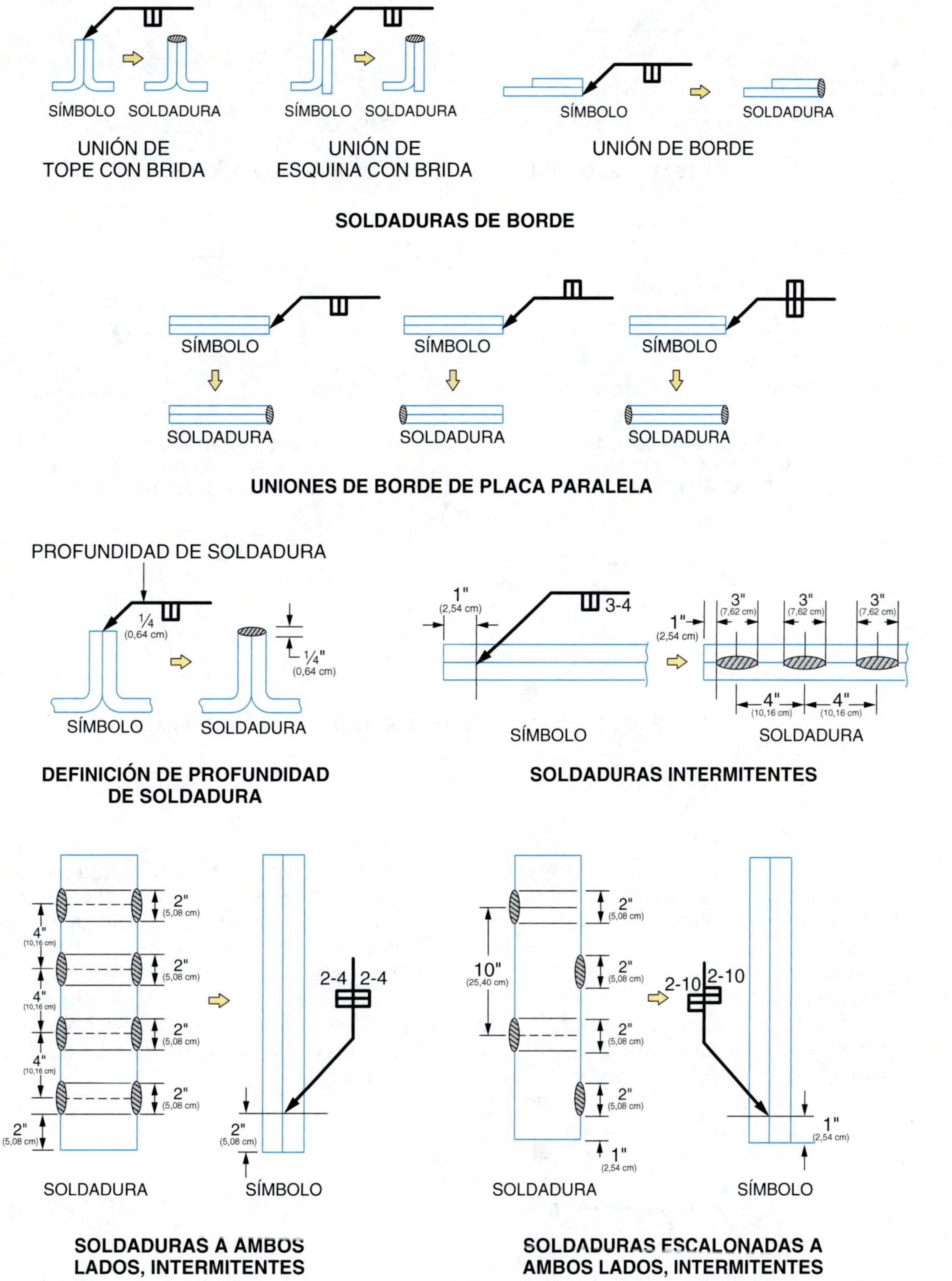

201F34A.EPS

Figura 34 Símbolos y soldaduras de aristas (1 de 2).

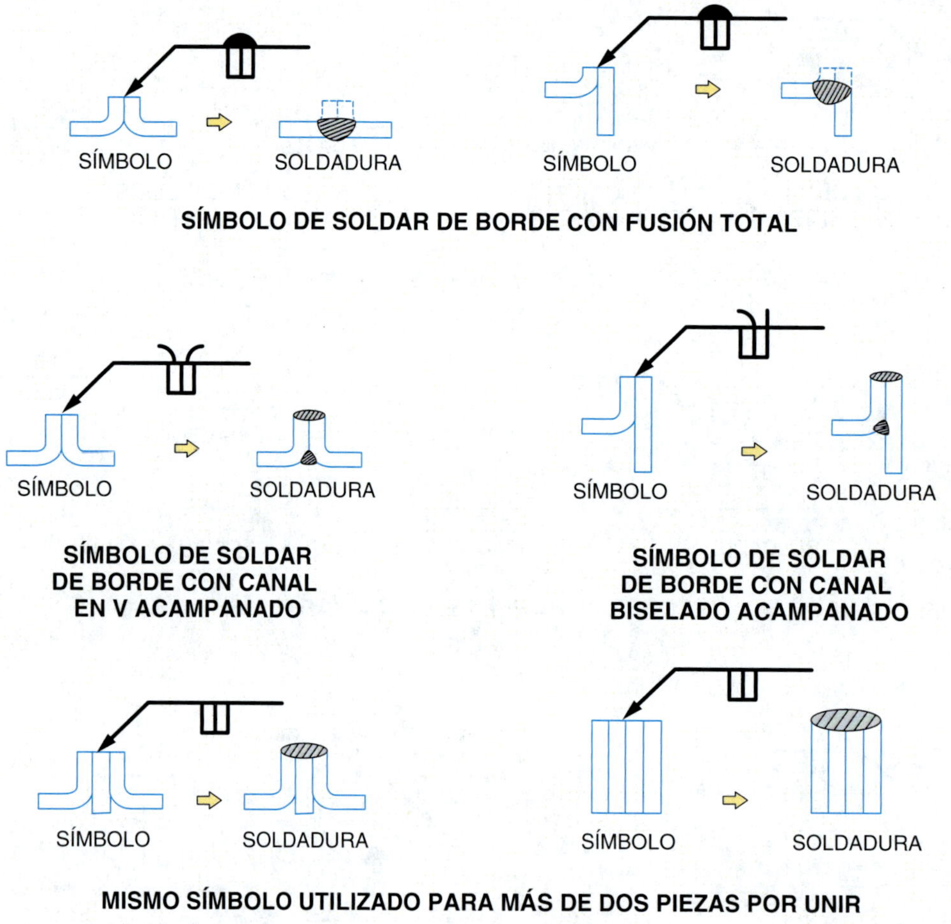

Figura 34 Símbolos y soldaduras de aristas (2 de 2).

ción aparecen a la derecha del símbolo para soldaduras intermitentes. Para soldaduras que son menores que el largo total de las piezas unidas, el plano detalla el punto de inicio y la longitud de la soldadura.

Para las soldaduras de junta del lado de la flecha, el círculo se ubica en la parte inferior de la línea de referencia, como se muestra en la *Figura 36A*. Cuando la soldadura de la junta se ubica al otro lado, el círculo se encuentra en la parte superior de la línea de referencia. Cuando no hay relevancia del lado, como con una soldadura de junta de resistencia, el círculo se centra en la línea de referencia, como se muestra en la *Figura 36B*. Los símbolos de contorno nivelado se pueden aplicar a los símbolos de soldadura de junta para las que no sean soldaduras de junta de resistencia. Para uniones paralelas, se incluye en la cola una nota del plano detallando el espaciado y la cantidad de uniones.

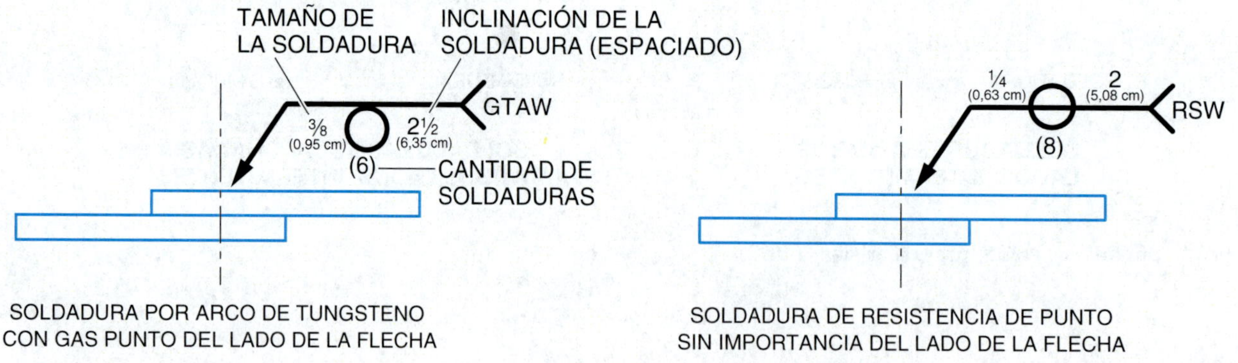

Figura 35 Símbolos de soldadura de punto.

Consejo importante

Soldaduras con saliente

La soldadura con saliente (PW) es un tipo de soldadura de punto en la que la cantidad de soldaduras se realiza simultáneamente con una máquina soldadora. Debido a los costos de las herramientas, la soldadura con saliente se utiliza principalmente en aplicaciones de alta producción.

Antes de soldar, se pasa una de las piezas por unir por una máquina que presiona las salientes en los lugares especificados en la pieza. Esta pieza, junto con la otra, se une en una máquina soldadora presionando las dos piezas y aplicando corriente a través de las salientes. La resistencia en los puntos de contacto de las salientes hace que las piezas se calienten, derritan y fusionen mientras están bajo presión. Esto hace que las piezas soldadas se fusionen bien juntas. El lado sin salientes tiene una marca de superficie mínima debido a la soldadura.

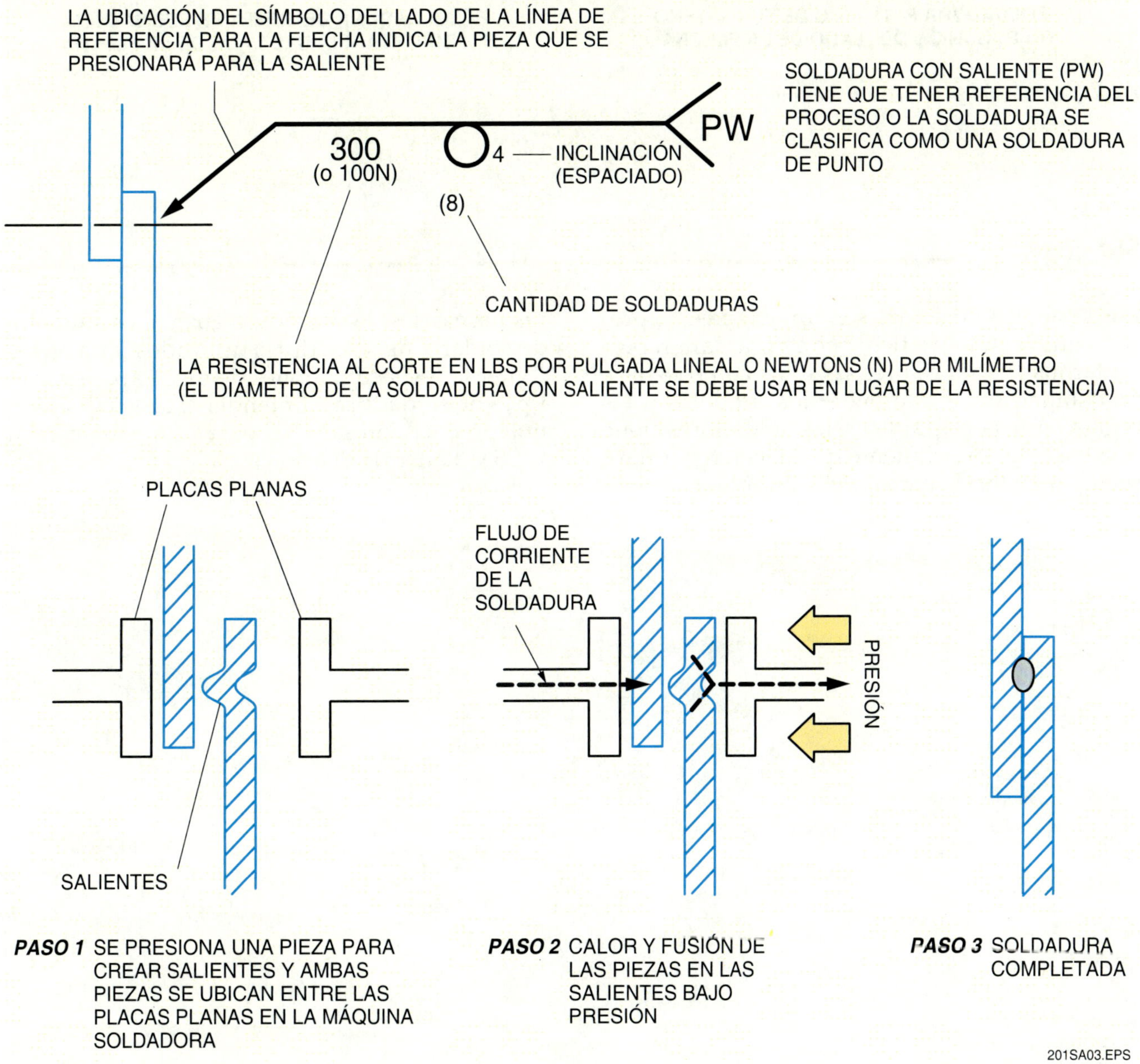

201SA03.EPS

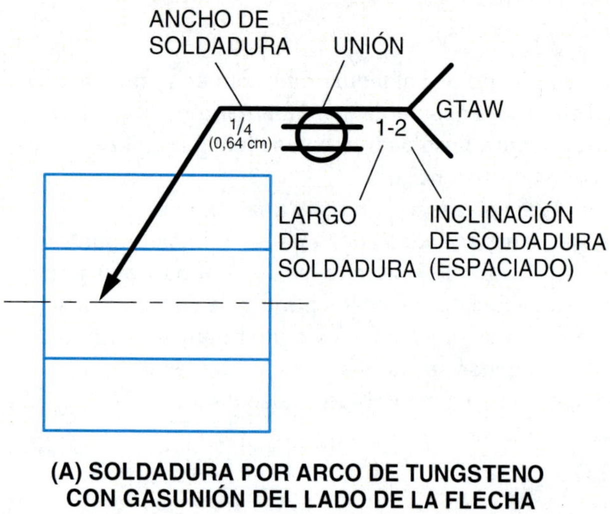

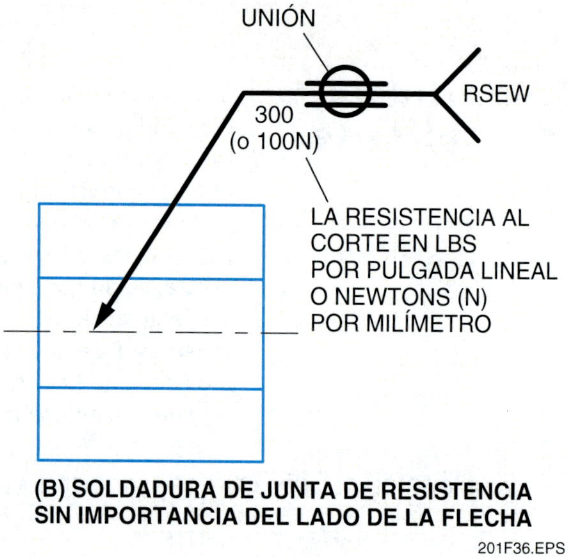

Figura 36 Símbolos de soldadura de junta.

Resumen

Los símbolos de soldar son un lenguaje, expresado en formato gráfico, que se usa para representar instrucciones precisas sobre cómo se hace una soldadura. Al aprender los símbolos y las reglas básicas por aplicar, los soldadores tiene una base de conocimiento que deben tener para preparar en forma correcta y realizar las soldaduras necesarias. Este módulo abarca los símbolos de soldar y de soldadura, utilizados para representar las especificaciones de diseño para varios tipos de soldaduras. Entender estos símbolos es una preparación esencial para usar e interpretar WPS y planos de diseño.

Preguntas de repaso

1. La mayoría de las empresas usan los símbolos de soldar de *A2.4:2007, Símbolos estándar para soldaduras, soldaduras fuertes y pruebas no destructivas*, estandarizados por _____.
   a. la American Welding Society (AWS)
   b. el American Petroleum Institute (API)
   c. el American National Standards Institute (ANSI)
   d. la American Society of Mechanical Engineers (ASME)

2. El elemento base para todos los símbolos de soldadura es _____.
   a. la flecha al final de la línea de referencia
   b. la línea de referencia con una flecha en un extremo
   c. las letras encima de la línea de referencia del símbolo de soldadura
   c. las letras debajo de la línea de referencia del símbolo de soldar

3. El símbolo de soldar describe el tipo de soldadura, su tamaño y su acabado de la superficie.
   a. Verdadero
   b. Falso

4. El lado de la unión o la superficie frente al lado que apunta la flecha de la línea de referencia se llama _____.
   a. fondo
   b. flecha
   c. otro
   d. parte superior

5. Independientemente del extremo de la línea de referencia en el cual se encuentre la línea de la flecha, la información en la línea de referencia siempre se lee _____.
   a. de arriba a abajo
   b. abajo hacia arriba
   c. de izquierda a derecha
   d. de derecha a izquierda

6. El símbolo de soldadura en obra es un(a) _____.
   a. número
   b. letra
   c. flecha
   d. bandera

7. En relación con el símbolo de soldadura de filete, el tamaño de la soldadura de filete se ubica _____.
   a. sobre éste
   b. debajo de éste
   c. a la izquierda
   d. a la derecha

8. En relación con el símbolo de soldadura de tapón, la inclinación (espacio de centro a centro) de una soldadura de tapón se muestra _____.
   a. sobre éste
   b. debajo de éste
   c. a la izquierda
   d. a la derecha

9. Cuando una soldadura se extiende completamente por la unión, se ubica un pequeño círculo donde la línea de la flecha alcanza _____.
   a. la línea de referencia
   b. la ubicación de la soldadura
   c. el símbolo de la soldar
   d. la cola

10. La bandera que aparece en un símbolo de soldar siempre apunta a la derecha.
    a. Verdadero
    b. Falso

11. Cuando la cara de la soldadura debe tener un acabado diferente, se ubica un símbolo de acabado adyacente al símbolo de soldar, junto con una letra que indica _____.
    a. el tamaño de la soldadura
    b. el método de acabado
    c. la lisura del acabado
    d. el ancho del área de acabado

12. Cuando se utilizará el refuerzo en la raíz de la soldadura para controlar la fusión, el símbolo de refuerzo se ubica frente a un símbolo de soldadura _____ en la línea de referencia.
    a. de la cola
    b. en obra
    c. de espaciador
    d. de canal

13. Cuando se necesita penetración completa de un lado de la soldadura, el símbolo que debe colocarse en la línea de referencia frente al símbolo de soldadura de canal es _____.
   a. de ranura
   b. de unión
   c. de espaciador
   d. de fusión total

Remítase a la *Figura 1* para responder las preguntas 14 a 20.

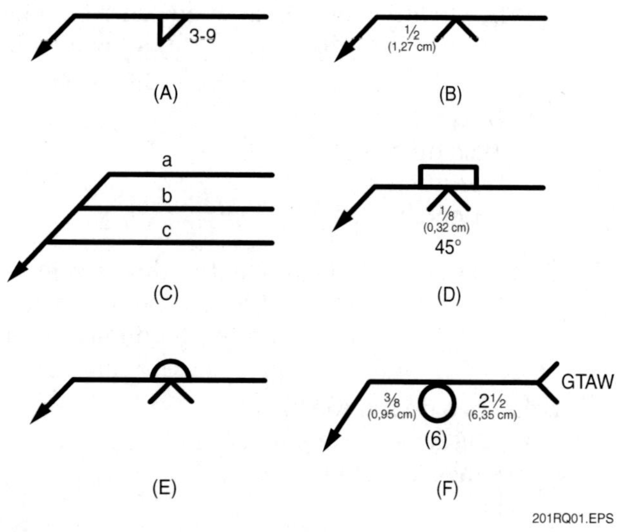

Figura 1

14. El tipo de soldadura representada por el símbolo de soldadura que se muestra en el diagrama (A) es _____.
   a. de ranura
   b. en obra
   c. de canal en U
   d. de canal biselado

15. En el símbolo de soldadura que se muestra en el diagrama (A), el número 9 representa _____ de la soldadura.
   a. la inclinación
   b. la profundidad
   c. el ancho
   d. la longitud

16. En el símbolo de soldadura que se muestra en el diagrama (B), ½ pulgada (1,27 cm) representa _____.
   a. el tamaño de la soldadura
   b. el ancho de la soldadura
   c. el largo de la soldadura
   d. la profundidad de la preparación

17. En el símbolo de soldadura que se muestra en el diagrama (C), la operación que se realizará primero es _____.
   a. a
   b. b
   c. c
   d. no crítica.

18. En el símbolo de soldadura que se muestra en el diagrama (D), el número dentro del símbolo representa _____.
   a. la abertura de la raíz y el ángulo de la ranura
   b. el ángulo de la ranura y la profundidad
   c. la abertura de la raíz y la inclinación
   d. la inclinación y el ángulo

19. El tipo de símbolo de soldadura que aparece arriba de la línea de referencia en el diagrama (E) es _____.
   a. de puntos
   b. de soporte
   c. de recubrimiento superficial
   d. de fusión total

20. El tipo de soldadura representada por el símbolo de soldadura en el diagrama (F) es _____.
   a. de puntos
   b. de refuerzo
   c. de recubrimiento
   d. de fusión total

Términos clave del oficio introducidos en este módulo

Avellanado: un orificio con lados cónicos y una abertura más amplia que permite que un sujetador de cabeza plana pueda asentar un nivelado a una superficie del material en el que se hizo el orificio.

Línea de flecha: línea que se traza en un ángulo desde la línea de referencia (en cualquier de los extremos o en los dos extremos) hasta una cabeza de flecha en el lugar de la soldadura.

Línea de referencia: línea horizontal en el centro del símbolo de soldar a la cual todos los elementos del símbolo de soldar hacen referencia. La línea de referencia es uno de los elementos más importantes del símbolo de soldar.

Símbolo de soldadura: un carácter gráfico conectado a la línea de referencia de un símbolo de soldadura que especifica el tipo de soldadura.

Símbolo de soldar: representación gráfica de las especificaciones para producir una unión soldada; incluye una línea de referencia, una flecha y muchos también incluyen un símbolo de soldadura.

Recursos adicionales

El objetivo de este módulo es presentar los recursos detallados para el entrenamiento en las tareas. Las siguientes obras de referencia se sugieren para continuar el estudio. Estos son materiales opcionales para la educación continua, más que para el entrenamiento en las tareas.

ASTM A325-07a Standard Specification for Structural Bolts, Steel, Heat Treated, 120/105 ksi Minimum Tensile Strength (Especificación de la norma para pernos estructurales, acero, tratados con calor, resistencia mínima a la tracción de 120/105 ksi (827371/723949 kPa) *ASTM A325-07a).* West Conshohocken, PA: ASTM International, 2007.

AWS A2.4:2007 Standard Symbols for Welding, Brazing, and Nondestructive Examination (Símbolos estándar para soldaduras, soldaduras fuertes y pruebas no destructivas AWS A2.4:2007). Miami, FL: American Welding Society.

AWS A3.0 Standard Definitions; Including Terms for Adhesive Bonding, Brazing, Soldering, Thermal Cutting, and Thermal Spraying (Definiciones estándar; incluso términos para adherencia, soldaduras fuertes, soldadura blanda, corte térmico y rociado térmico AWS A3.0). Miami, FL: American Welding Society, 2001.

AWS D1.1/D1.1M:2008 Structural Welding Code Steel (Código de soldadura de acero estructural). Miami, FL: American Welding Society.

How to Read Shop Drawings (Cómo leer planos de taller). Cleveland, OH: The James F. Lincoln Arc Welding Foundation, 2008.

Steel Construction Manual (Manual de construcción en acero). 13.º edición. Chicago, IL: American Institute of Steel Construction, 2008.

Apéndice

Tabla A-1 Denominaciones por letra para los procesos de soldadura

AAW	Soldadura de acetileno	GTAW	Soldadura por arco de tungsteno con gas
AB	Adherencia	GTAW-P	Soldadura por arco de tungsteno con gas; arco pulsado
AHW	Soldadura de hidrógeno atómico	HPW	Soldadura por presión en caliente
AW	Soldadura por arco	IB	Soldadura fuerte por inducción
B	Soldadura fuerte	IRB	Soldadura fuerte infrarroja
BB	Soldadura fuerte en bloque	IW	Soldadura por inducción
BMAW	Soldadura por arco de metal blindado sin recubrir	LBW	Soldadura por rayo láser
CAW	Soldadura por arco de carbono	OAW	Soldadura oxigás
CAW-G	Soldadura por arco de gas carbono	OHW	Soldadura de oxihidrógeno
CAW-T	Soldadura por arco doble de carbono	PAW	Soldadura por arco de plasma
CEW	Soldadura por coextrusión	PEW	Soldadura por percusión
CW	Soldadura en frío	PGW	Soldadura con gas a presión
DP	Soldadura fuerte por inmersión	PW	Soldadura con saliente
DFB	Soldadura fuerte por difusión	RB	Soldadura fuerte por resistencia
DFW	Soldadura por difusión	ROW	Soldadura con rodillos
EBW	Soldadura por haz de electrones	RSEW	Soldadura de junta de resistencia
EBW-HV	Soldadura por haz de electrones; alto vacío	RSEW-HF	Soldadura de junta de resistencia; alta frecuencia
EBW-MV	Soldadura por haz de electrones; vacío medio	RSEW-I	Soldadura de junta de resistencia; inducción
EBW-NV	Soldadura por haz de electrones; sin vacío	RSW	Soldadura por puntos de resistencia
EGW	Soldadura por electrogas	RW	Soldadura de resistencia
ESW	Soldadura por electroescoria	SAW	Soldadura por arco sumergido
EXW	Soldadura por explosión	SAW-S	Soldadura por arco sumergido en serie
FB	Soldadura fuerte en horno	SMAW	Soldadura por arco de metal blindado
FCAW	Soldadura por arco con núcleo de fundente	SSW	Soldadura en estado sólido
FLB	Soldadura fuerte de flujo	SW	Soldadura de pernos
FLOW	Soldadura de flujo	TB	Soldadura por soplete
FOW	Soldadura por forja	TCAB	Soldadura fuerte por arco doble de carbono
FRW	Soldadura por fricción	TW	Soldadura con termita
FW	Soldadura por chispa	USW	Soldadura ultrasónica
GMAW	Soldadura por arco metálico en gas	UW	Soldadura a tope con recalcado
GMAW-P	Soldadura por arco metálico en gas; arco pulsado	UW-HF	Soldadura a tope con recalcado; alta frecuencia
GMAW-S	Soldadura por arco metálico en gas; cortocircuito	UW-I	Soldadura a tope con recalcado; inducción

201TA01.EPS

Tabla A-2 Denominaciones por letra para los procesos de corte

AC	Corte por arco	LOC	Corte por lanzas de oxígeno
AOC	Corte por arco de oxígeno	MAC	Corte por arco metálico
CAC	Corte por arco de carbón	OC	Corte por oxígeno
CAC-A	Corte por arco-aire de carbón	OC-F	Corte fundente
EBC	Corte por haz de electrones	OFC	Oxicorte
GMAC	Corte por arco metálico en gas	OFC-A	Corte de oxiacetileno
GTAC	Corte por arco de tungsteno con gas	OFC-H	Corte de oxihidrógeno
LBC	Corte por haz de láser	OFC-N	Oxicorte de gas natural
LBC-A	Corte por haz de láser; aire	OFC-P	Oxicorte de propano
LBC-EV	Corte por haz de láser; evaporativo	OC-P	Corte con polvo metálico
LBC-IG	Corte por haz de láser; gas inerte	PAC	Corte por arco de plasma
LBC-O	Corte por haz de láser; oxígeno	SMAC	Corte por arco metálico blindado
		TC	Corte térmico

201TA02.EPS

Tabla A-3 Denominaciones por letra para aplicar los procesos de soldadura

AU	Automático
ME	Mecanizado
MA	Manual
SA	Semiautomático

201TA03.EPS

CURRÍCULO DE NCCER - COMENTARIOS DEL USUARIO

NCCER hace el esfuerzo de mantener estos libros de texto actualizados y libres de errores técnicos. Apreciamos su ayuda en este proceso. Si encuentra algún error, ya sea tipográfico o de contenido, en el currículo de NCCER, haga el favor de completar este formulario (o una fotocopia de él) o el formulario en línea en **www.nccer.org/olf**. Asegúrese de incluir el número exacto del módulo, la página, una descripción detallada y la corrección recomendada. Su comentario será puesto en conocimiento del comité técnico de revisión. Gracias por su ayuda.

Instructores: si tiene una idea para mejorar este libro de texto o encontró que algún material adicional es necesario para enseñar este módulo con eficacia, por favor háganoslo saber para que podamos presentar sus sugerencias al comité técnico de revisión.

NCCER Product Development and Revision

13614 Progress Blvd., Alachua, FL 32615

Correo electrónico: curriculum@nccer.org
En internet: www.nccer.org/olf

❑ Guía de aprendizaje ❑ AIG ❑ Examen ❑ PowerPoints Otro ____________________

Oficio / nivel Fecha de copyright :

Número/título del módulo:

Número(s) de sección:

Descripción:

Corrección recomendada:

Su nombre:

Dirección:

Correo electrónico: Teléfono: